"十四五"职业教育国家规划教材

农机电气设备使用与维护

第二版

肖兴宇　主编

U0282618

中国农业出版社

北　京

内　容　简　介

本教材共分 6 个项目，包括农机电气总体认识，电源系统的电路原理与维护，启动系统的电路原理与维护，照明、信号系统的电路原理与维护，仪表、报警系统的电路使用与维护，辅助电路的使用与维护。

本教材的编写以项目任务为导向，将故障现象引入到任务中，通过理论知识和技能训练，将工作场景搬入课堂，教学中可采用边讲解边实践训练的方式，打造真实的教学模式。

本教材按项目配备实习项目活动评价表及课后测试，其中"课后测试"题型为选择题和判断题，题目内容以理论知识为主，学生可以通过测试检验对理论知识的掌握情况，教师可通过测试调查学生学习情况来调整教学内容。"实习项目活动评价表"是检验学生对技能点的掌握情况。

本教材配有丰富的教学资源，包括课程标准、教学课件、教案等，也可以通过"智慧职教"平台（https：//www.icve.com.cn）上的《农机电气设备使用与维护》课程进行观看、学习。

本教材可作为职业院校农机及相关专业的教学用书，也可作为农机培训参考用书。

第二版编审人员名单

主　编　肖兴宇

副主编　杨福龙　盛英堂

参　编　汪振凤

审　稿　刘立意

第一版编审人员名单

主　编　肖兴宇

副主编　盛英堂

参　编　汪振凤

审　稿　李庆军

第二版前言

近年来，农机行业发展迅猛，然而从事农业装备行业的高技能人才奇缺，社会对农业装备制造、使用、维修保养及销售的人才需求不断增加。而新技术的不断涌现也对农机从业人员的素质提出了更高的要求。如果采用传统的知识体系教学，强调学科的系统性，会导致教学内容多而难，严重脱离实际，不利于学生的学习和发展。因此，本教材结合农业装备应用技术专业特点和职业教育的要求，采用项目导向的方法进行编写。

本教材以培养学生基础技能为目标，结合农机电气新技术的发展方向，按照介绍结构原理、电路分析及故障诊断等的编排方式，层层递进，逐步展开。将"教、学、做"融为一体，强化学生能力的培养，并结合"智慧职教"平台（https：//www.icve.com.cn）中的《农机电气设备使用与维护》课程，以通俗易懂的文字加上丰富的图片、视频、动画等资源，系统地介绍了农机电气设备的各主要部件结构、原理，主要元件的检修方法，常见故障诊断及排除方法等方面内容。

本教材具有以下特色：

（1）以育人为根本，全方位服务师生。本教材是从方便教师教学和学生学习角度出发，在主体教材的基础上从体例编排、理论学习、实践操作、学习考试、查阅使用等方面考虑进行编写，并推出了配套的资源（课程标准、电子教案、PPT、微课、动画、模拟测试等），实现了教学资源与教学内容的有效对接。

（2）以能力为本位，大胆地调整教学内容。编者通过对一线维修企业的大量调研和走访，参阅《农机维修工国家职业标准》，结合职业教育的特点，有针对性地调整了本教材的项目。为了使教材的成果能够充分地反映当前国内外农机电气系统的发展水平，删减部分陈旧的知识点（如传统点火系统等老旧知识）。

（3）以手机为载体，引领新的教学模式。本教材配有多个微课、动画及大量的课外知识点文字资料，学生可通过职教云app观看、学习，实现移动化、碎片化和终身化学习的目标。

（4）以行动为导向，体现职业教育特色。教材的编写采用导入式教学模式，将工作场景搬入课堂，打造立体化教学模式，提高学生的学习兴趣。将教师从传统的知识传授者转变为学生行动的指导者和咨询者，学生从被动的学习者转变为以自主学习的中心，主动积极的学习，在自己动手的实践中，学习专业技能。

（5）以实用够用为原则，构建课程实践体系。本教材中的技能训练都配备了实习项目活动评价表。符合各院校进行技能训练的需求，也方便教师对学生进行指导，并对学生的岗位技能发展提高有很大的帮助。

本教材项目一、三由黑龙江农业工程职业学院汪振凤编写，项目二由爱科（中国）投资有限公司杨福龙编写，项目四由牡丹江技师学院盛英堂编写，项目五、六由黑龙江农业工程职业学院肖兴宇编写，全书由肖兴宇统稿，由东北农业大学工程学院刘立意审定。

本教材可作为职业院校农机及相关专业的教学用书，也可作为农机培训参考用书。

由于编者理论水平及实践经验有限，书中难免存在不足和疏漏，恳请广大读者批评指正。

编　者

2019 年 5 月

第 一 版 前 言

为了适应任务驱动教学改革需要，突出职业能力培养的特点，培养学生成为既动手又动脑的应用型人才。本教材在组织编写过程中，注重理论联系生产实际，深入浅出地介绍农机电气系统的结构、工作过程和使用维护，使学生能正确、高效地运用各类农业机械为农业生产服务。

为适应职业教育的特点，本教材具有以下特色：

1. 以农机行业关键操作岗位和技术管理岗位的岗位能力要求为核心，为毕业生在其职业生涯中能顺利进入农业生产行业奠定良好的基础。

2. 注重农机职业岗位对人才的知识、能力要求与相应职业鉴定标准衔接，并尽量多地加入新知识、新技术、新方法。

3. 按照教学和学生认知的规律，力求降低学习难度，按照农机电气系统设置六个项目，提高学生学习兴趣，切实落实了"管用、够用、适用"的教学指导思想。

本教材项目一、三由汪振凤编写，项目二、四由盛英堂编写，项目五、六由肖兴宇编写，全书由肖兴宇统稿，由李庆军教授审定。

限于编者经历和水平，教材难免存在不足和疏漏，欢迎使用本教材的师生和读者提出宝贵意见。

编　者

2012 年 9 月

目　录

农机电气总体认识

任务　农机电气设备概述

引　入

　　现代拖拉机、联合收割机的工作，离不开电气设备。如果没有电气设备，你知道它将会变成什么样子吗？

理论知识

一、农机电气设备组成及特点

　　农机电器与电子控制系统一般统称为农机电气设备，它是农机的重要组成部分，作用是实现发动机启动，车辆的照明，发出示警信号，监测发动机工况和车辆的运行状况等，它直接影响农机的动力性、经济性、可靠性、安全性、舒适性和排气的净化。

（一）农机电气设备的组成

　　农机电气设备按其用途可大致划分为以下几部分：

　　1. 电源　电源包括蓄电池、硅整流发电机及调节器。硅整流发电机是主电源，蓄电池是辅助电源，两者并联工作。硅整流发电机配有调节器，在工作过程中，发电机转速变化时，调节器能自动调节发电机的电压使之保持稳定。

　　2. 用电设备　随着农机结构的改进与性能的不断提高，并向机电一体化方向发展，其用电设备数量逐渐增多，农机上主要有以下几种用电设备：

（1）启动系统：用来启动发动机。

（2）照明设备：包括机车内、外各种照明灯，主要用来提供车辆夜间和能见度较低的阴雨、重雾天气行车的照明。

（3）信号装置：包括电喇叭、闪光器、蜂鸣器及转向、制动等各种信号灯，主要用来提供安全行车所必需的信号。

（4）辅助电器：包括电动刮水器、空调、低温启动预热装置、收录机、点烟器、防盗装置、坐椅调节器等。辅助电器有日益增多的趋势，主要向提高舒适性、娱乐性、保障安全方面发展。

3. 检测与仪表装置 包括各种监测仪表如电流表、机油压力表、水温表、燃油表、车速里程表、发动机转速表和各种报警灯。用来监视发动机和其他装置的工作情况。

4. 配电装置 包括中央接线盒、电路开关、保险装置、插接件和导线。

5. 电子控制装置 包括柴油共轨系统、废气蜗轮增压系统、电控自动变速器、自动导航系统等，为了提高农机的动力性、经济性、改善安全性，减少排放污染，现代农机大量采用电子控制装置。

（二）农机电气设备的特点

1. 直流、低压 由于农机发动机要靠电启动机启动，它是直流串激电动机，必须由蓄电池供电，而蓄电池电能消耗后又必须用直流电充电，因此农机电系为直流电系。其电压有 12 V、24 V 等两种，采用 12 V 电系较多，有的拖拉机、联合收割机上采用 24 V 电系。

2. 单线制 是指从电源到用电设备只用一根导线连接，而用农机底盘、发动机等金属机体作为另一公用导线。单线制节省导线、线路清晰、安装和维修方便，现代农机均采用单线制，但在个别情况下，为保证工作可靠，必须采用双线制。

3. 负极搭铁 采用单线制时，蓄电池的一个电极需接至车架上，俗称"搭铁"。农机电气系统将蓄电池的负极接到车架上，称为"负极搭铁"。目前各国生产的拖拉机、联合收割机都采用"负极搭铁"。

4. 并联 电源与电源并联，用电设备与用电设备多数采用并联连接。

实践中统计，电气设备所出现的故障约占农机全部故障的 20%～30%。因此，提高农机的完好率，与操纵人员对它们的正确使用、维护和调整水平有密切关系，所以熟悉和掌握有关农机电气设备的结构原理、性能与使用维护等方面的知识并具有一定的操作技能就显得十分重要。

二、农机电气维修中常用仪表和工具

在农机电气和电子控制装置的维修中常常用到一些通用工具，专用的仪表，诊断仪器等，现分述如下：

1. 电流表和电压表 电流表和电压表是最常用的电路检查工具，根据其量程不同，电压表可分为毫伏表和伏特表，电流表可分为毫安表和安培表。

利用电压表测量电压时，电压表应并联在实际电路中，即和被测电压的电路和负载并联。为了不影响电路的工作状态和不损坏电子控制装置，电压表本身的内阻抗要尽量大（一般内阻抗应大于 10 MΩ），或者说与负载的阻抗相比要足够大，以免由于电压表接入时的分流效应，使被测电路电压发生变化，而导致不能允许的误差。在电路检查中一般需使用数字式电压表（DVM），但在有些测量中由于需测量信号脉冲电压，有时需使用模拟式电压表。

利用电流表测量电流时，电流表必须与该电路串联。为了使电流表接入后不致影响电路的原始状态，电流表本身的内阻抗应尽量的小，或者说与负载相比可以忽略不计，否则被测电流会因电流表的接入而发生变化。

2. 欧姆表 欧姆表直接以欧姆为单位测量电器的电阻值。欧姆表有多个测量挡，0～200 Ω、2 kΩ、20 kΩ、200 kΩ、2 MΩ 和 20 MΩ 测量挡。

当用欧姆表测量电路电阻时，若在所有测量挡均显示无穷大，则表示断路；若在所有测量挡均显示"0"，则表示短路；若在测量挡中显示电阻值不稳定，则表示电路连接不良。

3. 万用表 万用表又称万能表，它是一种多用途的测量电表。一般的万用表可以用来测量直流电流、直流电压、交流电压、电阻、音频、电平等参数。数字式万用表还具有测量交流电流、电容值、电感值以及晶体管参数等功能。由于万用表功能齐全，使用方便，在实际使用中，它可以代替电流表、电压表等来使用。

万用表的种类很多，但作为现代农机电路检测用的万用表，其内阻抗必须大于 10 MΩ。在使用时应注意以下几点：

（1）接线要正确：万用表面板上的插孔都有极性标记，在测电流时，要注意正负极性；在用万用表欧姆挡判别二极管极性时，应记住必须使"＋"极插孔内接电池负极。测电流时万用表应串联在电路中，测电压时万用表应并联在电路中。

（2）测量挡位要正确：万用表量程的选择应特别注意，当测量对象的测量范围不清楚时，应由高量程挡向低量程挡依次选择，直至选择到合适的测量挡，否则可能损坏仪表和测量线路。为了保证测量精度，在选择测量挡时，应尽可能使用测量值处在满量程的 1/2 位置上。

此外，在用欧姆挡测试晶体管参数时，通常应选 $R\times100$ 挡或 $R\times1k$ 挡。否则，会因测试电流过大（当选用 $R\times1$ 挡时），或电压太高（在选用 $R\times10k$ 挡时）而使被测晶体管损坏。

万用表在使用完毕后，应将转换开关旋至交流电压的最高挡。这样，可以防止在下次测量时，不致因粗心而发生事故。

（3）使用之前应调零：为了得到准确的测量结果，在使用万用表之前应注意其指针是否指在零位上，如不指零，则应进行调零。在测量电阻之前，还要进行欧姆值调零，并应注意欧姆调零的时间要短，以减少电池的消耗。如果用调零旋钮已无法使欧姆表调零时，则表示电池的电压太低，应更换电池。

（4）点火开关必须切断：严禁在被测电阻带电的情况下，进行电阻的测量，否则会由于被测电阻上的电压串入，不仅使测量值发生错误，甚至可能烧毁表头。所以当用万用表测量电阻时，点火开关必须切断。

4. 故障诊断仪 它可用于分析测量发动机控制系统（包括电子控制燃油喷射系统和排放系统）和其他控制系统（如计算机控制系统）。

5. 手动测试灯 用于检查导线是否完全导通，是否对地短路、断路或对电源短路，如图 1-1 所示。

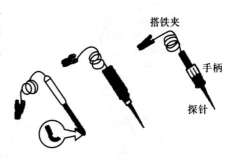

图 1-1 手动测试灯

6. 喷油器测试灯　喷油器测试灯，如图1-2所示。检查时，可将喷油器测试灯连在喷油器插座上，以检查喷油器控制电路是否断路或短路。若接上喷油器测试灯时，测试灯发生闪烁，则表示喷油器电路正常；若测试灯不亮，则表示喷油器电路断路；若喷油器测试灯常亮，则表示喷油器电路对电源短路。

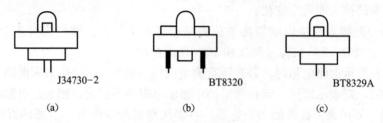

J34730-2　　　　　BT8320　　　　　BT8329A

(a)　　　　　　　　(b)　　　　　　　(c)

图1-2　喷油器测试灯

(a) 用于 MFI 喷油系统　(b) 用于 TBI 喷油系统　(c) 用于 TBI700 喷油系统

7. 喷油器测试仪　用于给每一个喷油器通电，并保持一精确的时间量来进行喷油器均匀性测试，如图1-3所示。

8. 电路测试仪　用于对所有断电器和电磁线圈在与引擎控制模块（ECM）连接时的检查。它通过绿色或红色发光二极管（LED）测量电路电阻并表示通或不通。淡黄色 LED 指示电流极性。它也可用作无电源的通断检查器，如图1-4所示。

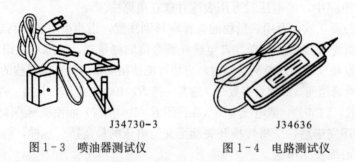

J34730-3　　　　　　　　　　　　J34636

图1-3　喷油器测试仪　　　　图1-4　电路测试仪

9. 维修工具和接头　在维修发动机控制系统或其他控制系统时，需使用的工具及说明，见表1-1。

表1-1　维修控制系统时所用工具及说明

名称和外形	用　途
氧传感器扳手	用于拆卸和安装氧传感器
燃油压力表组件	用于检查燃油喷射系统的供油压力，它包括燃油压力表，燃油表接头和连接管。燃油压力表用于检查燃油泵压力，并比较喷油器压降，检查燃油分配是否相同；燃油表接头和连接管主要起连接作用，便于燃油压力表装到发动机上

（续）

名称和外形	用　　途
燃油表连接管	用于某些车型上安装燃油表接头的连接管
燃油表接头	用于某些车型上安装燃油压力表
插脚修理工具包	用于电路修理的工具包，包括维修时需用的工具和元件
插头测试用连接工具包	用于对电控部件防水密封型和标准型插头插脚连接情况进行测试
标准封装插脚拆卸器	用于从标准型插头上拆下插脚
防水密封型插脚拆卸器	用于从防水密封型插头上拆下插脚
ECM插头插脚拆卸器	用于从ECM微型封装插头上拆下插脚

10. 工具使用注意事项

① 请选用正确工具，按使用说明书使用工具，戴好防护眼镜。

② 请保持工具整洁，使用符合对电气设备绝缘的电工规范工具。

③ 使用工具时应注意常见的标识说明，见表1-2。

表1-2 常见工具使用标识说明

	使用前请通读使用说明书		工具上有尺寸标记，以便按规定摆放
	请戴好防护眼镜		只有工具受力正确时，才能保证工具和螺栓具有较长的寿命
	请戴好防护耳罩		对工具进行后续加工（如用磨削设备加工）会导致工具产生裂纹和断裂点，会增加发生事故的危险
	原则上不要套上钢管来加工长杠杆臂，而是使用专用工具		不要把手动工具头和手动工具用于冲击式螺栓扳手
	手工工具只能用手操作，不能用锤子		无人能同时观看所有抽屉，所以每次只能拉出一只抽屉并防止倾翻
	错误的敲击会导致破碎并危及视力（原则上要佩戴防护眼镜）		请勿踩踏在抽屉上
	旋具是精细的手工工具，不允许作为撬棒或錾子使用		不要把维修小车推到自己身后
	螺栓不仅需要符合要求的旋具，而且要求旋具头垂直放到螺栓上		世间万物都是有限度的。工具也是这样。将用过的零部件进行报废处理

三、农机电气故障诊断方法

检修农机电气系统时，在清楚基本结构和原理的前提下，应熟练地掌握和灵活运用检修的基本方法，这样才能准确迅速地找出故障点或损坏的电器部件。其基本诊断方法如下：

（1）宏观检查法：通过人的感觉器官，看、问、听、摸、闻等宏观判断手段查清故障位置和故障性质。再通过分析判断，弄清故障部位，进行检修工作。

（2）搭铁试火法：用导线或其他导体做短路搭铁划火实验。搭铁试火法分为直接搭铁和间接搭铁两种。

直接搭铁试火，是未经过负载而直接搭铁试火，看是否产生强烈火花。间接搭铁试火，是通过某一负载而搭铁试火，看是否有微弱火花或无火，来判断是否有故障。

此法操作简单而实用，是农机维修电工和驾驶员最常用方法，但在使用时必需十分慎重。例如，不能用这种方法来检查电子设备和电控电路，也不能用这种方法来检查硅整流发电机是否发电。硅整流发电机在充电时，也不宜使用。

（3）断路法：当电气系统发生搭铁短路故障时，将电路断路，故障消失，说明此处电路有故障，否则该路工作正常。

（4）替换法：使用规格相同性能良好的电器去代替怀疑有故障的电器，进行比较判断，也称替换比较法。若替换后，故障现象消除，则表明被替换的元器件已损坏。

（5）试灯法：用一个车用灯泡作试灯，检查电器或电路有无故障的方法。此方法特别适合不允许直接短路或带有电子元器件的电器。其测试灯有带电源测试灯和不带电源测试灯两种。对带电源的测试灯，常用于模拟脉冲触发信号等；不带电源的测试灯，常用来检查电器和电路有无断路或短路故障。用测试灯来检查硅整流发电机是否发电是比较安全和实用的一种方法。

（6）短路法：用一根导线将某段导线或某一电器短接后观察用电器的变化。例如，当打开转向开关时，转向指示灯不亮，可用跨接线短接转向闪光器，若转向灯亮，则说明闪光器已损坏。

（7）保险法：通过检查车上的电路中的保险器是否断开或保险丝是否熔断，来判断故障。

（8）万用表测试法：用万用表来检查和判断电器或电路故障的方法，称为万用表测试法。此方法是检查电气故障的最常用的检查方法。

（9）仪表法：利用车上的仪表指针走动的情况，判断故障。特别是电流表接在整个电气系统的公共电路上，利用它可直接判断仪表电路、灯光电路、点火电路的故障。

技能训练

农机电气设备总体认识

【技能点】
★进一步了解农机电气设备的结构
★认识农机电气设备在农机上的布置
【技能训练准备】
1. 设备及工具准备　拖拉机实物两台、联合收割机实物两台、整车布置图（多媒体图片与动画）。
2. 学生实习准备　根据学生的人数，分成四组，确定每组的小组长。
【技能训练步骤】
1. 集队　教师检查学生穿着工作服情况、点名并宣布实习安全规程；
2. 教师集中讲解　在实车上分别对照实物介绍电源系统、启动系统、照明系统、信号系统、仪表系统、舒适系统、微机控制系统等组成元件与安装位置；
3. 分组指认结构名称　学生组长记录在《实习项目活动评价表》。
【技能训练注意事项】
严格要求学生遵守安全规程，并督促学生执行。在学生分组认识实物过程，提醒学生不要损坏车上电气设备。

【实习评价】

实习项目活动评价表

序号	技能要求	配分	等级	评分细则	评定纪录
1	正确指认各电气系统	30	30	指认正确，名称规范	
			20	指认及名称有1次错误，能独立纠正	
			10	指认及名称有2次错误，能独立纠正	
			0	指认及名称错误不能独立纠正	
2	电源系统组成部件认识	20	20	指认正确，名称规范	
			15	指认及名称有1次错误，能独立纠正	
			10	指认及名称有2次错误，能独立纠正	
			0	指认及名称错误不能独立纠正	
3	启动系统组成部件认识	20	20	指认正确，名称规范	
			15	指认及名称有1次错误，能独立纠正	
			10	指认及名称有2次错误，能独立纠正	
			0	指认及名称错误不能独立纠正	
4	照明、信号、仪表、报警系统部件认识	20	20	指认正确，名称规范	
			15	指认及名称有1次错误，能独立纠正	
			10	指认及名称有2次错误，能独立纠正	
			0	指认及名称错误不能独立纠正	
5	安全生产无事故发生	10	10	安全文明生产，完全符合操作规程	
			6	安全文明生产，基本符合操作规程	
			0	操作过程中损坏元件	

课后测试

项目一　课后测试

电源系统的电路原理与维护

【学习目标】

1. 了解农机电源电路的组成；

2. 掌握蓄电池的结构、原理与检测方法；

3. 掌握蓄电池补充充电的方法；

4. 掌握硅整流发电机结构与原理；

5. 了解硅整流发电机的检测方法；

6. 了解电压调节器的类型与基本原理；

7. 掌握农机电源系统常见故障及排除方法。

【思政目标】

树立生态优先、节约集约、绿色低碳发展意识，为美丽中国建设贡献自己的力量。

【教学建议】

1. 利用多媒体演示农机电源电路的结构和工作过程；

2. 结合实物讲解使学生掌握蓄电池、发电机和调节器的检测方法。

任务 1 蓄电池的使用与维护

引 入

某拖拉机或联合收割机不能启动，借助另一台车的蓄电池就能启动，为什么？

理论知识

一、蓄电池的作用

(1) 发动机启动时，蓄电池给启动机和点火系统供电；

(2) 发动机刚启动，转速较低，此时，发电机电压低于蓄电池电动势，由蓄电池向用电设备以及硅整流发电机磁场绕组供电；

(3) 当车上用电设备工作过多，发电机供电超载时，蓄电池协助发电机给用电设备供电；

(4) 发电机正常供电电能过剩时，蓄电池将发电机剩余的电能转换为化学能储存起来，并吸收电路中出现的瞬时过电压，保护电子元件不被损坏。

二、铅蓄电池的结构

现代车上使用的蓄电池一般由六个单格电池串联而成，每个单格电池的电压约为 2 V，六个单格电池串联后对外输出 12 V 电压。目前国内外拖拉机、联合收割机，大多数选用 12 V 蓄电池。

蓄电池主要由极板、隔板、电解液、外壳、联条和极桩等组成，如图 2-1 所示。

（1）极板：蓄电池的极板分为正极板和负极板，极板由栅架和活性物质组成，如图 2-2 所示。蓄电池在充、放电过程中，电能与化学能的相互转换，都是依靠极板上的活性物质和电解液中的硫酸进行化学反应来实现的。

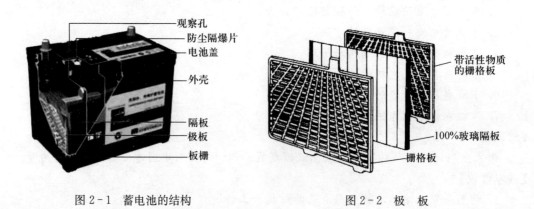

图 2-1　蓄电池的结构　　　　图 2-2　极　板

（2）隔板：为了减少蓄电池的内阻和体积，正、负极板应尽量靠近，但又不能彼此接触，以防短路，所以，要在相邻的正负极板间插入绝缘隔板。

（3）电解液：电解液由蓄电池专用硫酸和蒸馏水按一定比例配制而成，其电解液密度在 25 ℃常温下，一般为 $1.24 \sim 1.30$ g/cm^3。

电解液密度对蓄电池的性能和使用寿命都有影响。密度大些可以减少结冰的危险，并提高蓄电池的容量。但密度过大，由于电解液黏度增加，流动性差，不仅会降低蓄电池的容量，还会由于腐蚀作用增强而缩短极板和隔板的使用寿命。选用电解液密度的大小应按地区、气候条件和制造厂的要求而定，同时可参照表 2-1 选用。

表 2-1　适应不同气温的电解液密度（g/cm^3）

使用地区最低气温 / ℃	冬季	夏季	使用地区最低气温 / ℃	冬季	夏季
<-40	1.31	1.27	-30～-20	1.28	1.25
-40～-30	1.29	1.26	>0	1.27	1.24

（4）外壳：蓄电池外壳用来盛装电解液和极板组。外壳应耐酸、耐热和耐振动冲击。以前蓄电池外壳多采用硬橡胶制成。近年来，由于要求外形美观，质量轻，更主要的是易于热封合，生产效率高，便于表面清洁，减少自行放电，所以，蓄电池外壳多用塑料制成。

蓄电池外壳为整体式结构，壳内分成六个互不相通的单格，底部制有凸起的肋条，用来搁置极板组。肋条之间的空隙可以积存极板脱落的活性物质，防止正、负极板短路。蓄电池在每个单格顶部都设有加液口，以便加装电解液、补充蒸馏水和检测电解液密度。每个加液口上都设有旋塞，旋塞上有通气孔，应保持畅通，以便随时排除水被电解和化学反应产生的氢气和氧气，防止外壳胀裂，发生事故。

（5）联条：联条的作用是将单体电池串联起来，提高整个蓄电池的端电压。普通蓄电池联条的串联方式一般是外露式，而新型蓄电池联条的串联方式是穿壁式或跨接式结构（在电池内部），几种方式如图 2-3 所示。

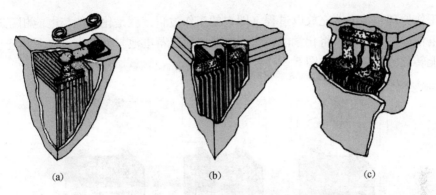

（a）　　　　　　　　（b）　　　　　　　　（c）

图 2-3　蓄电池联条的连接方式
（a）传统外露式　（b）穿壁式　（c）跨接式

（6）极桩：极桩有锥台形和 L 形等形式，如图 2-4 所示。锥台形极桩是蓄电池装配后再铸上的，L 形极桩是装配后焊接上去的。为便于识别，极桩的上方或旁边标刻有"＋"（或 P）、"－"（或 N）标记，或者在正极桩上涂红色油漆。

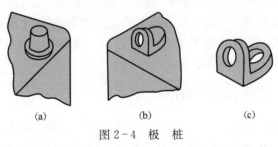

（a）　　　　　　　　（b）　　　　　　　　（c）

图 2-4　极　桩
（a）锥台形极桩　（b）L 形极桩　（c）装配前的 L 形极桩

三、蓄电池的型号

1. 蓄电池型号　按照机械行业标准 JB/T 2599—2012《铅酸蓄电池名称、型号编制与命名办法》规定，其型号的编制由三部分组成，蓄电池的型号一般都标注在外壳上，蓄电池产品型号和含义如下：

第一部分表示串联的单体蓄电池数，用阿拉伯数字表示，如 3 表示 3 个单体，额定电压 6 V；6 表示 6 个单体，额定电压 12 V。

第二部分表示蓄电池用途、结构特征代号。蓄电池用途用大写字母表示，如启动型蓄电池用"Q"表示，摩托车用蓄电池用"M"表示。蓄电池结构特征用大写字母表示，A 表示干式荷电蓄电池，H 表示湿式荷电蓄电池，W 表示免维护蓄电池。

第三部分表示标准规定的额定容量，用阿拉伯数字表示，单位是 A·h（安培·小时）。

2. 蓄电池型号举例

蓄电池标号 6—QA—60：表示由 6 个单体电池组成、额定电压为 12 V、额定容量为 60 A·h 的干式荷电启动型蓄电池。

四、蓄电池的工作原理

（1）工作原理：蓄电池充放电过程（即它的工作过程）就是化学能与电能相互转化的过程。当蓄电池向外供电时，将化学能转化为电能；而当蓄电池与外部直流电源相连进行充电时，将电能转化为化学能，如图 2-5 所示。

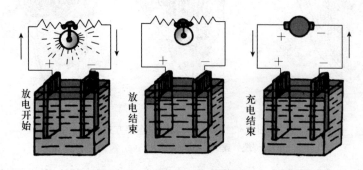

图 2-5　蓄电池的工作原理

根据双硫化理论，铅蓄电池正极板上的活性物质（参与化学反应的物质）是二氧化铅（PbO_2），负极板上的活性物质是海绵状铅（Pb），电解液是硫酸（H_2SO_4）的水溶液，放电时正极板上的 PbO_2 和负极板上的 Pb 都变成 $PbSO_4$，电解液中 H_2SO_4 减少，密度减小。充电时按相反的方向变化，正负极板上的 $PbSO_4$ 分别变成原来的 PbO_2 和 Pb，电解液中的 H_2SO_4 增加，密度增大。总的反应如下：

$$Pb+PbO_2+2H_2SO_4 \underset{充电}{\overset{放电}{\rightleftharpoons}} 2PbSO_4+2H_2O$$

（2）放电过程：蓄电池与外电路接通后，在极板电位差的作用下，电流从正极流出，经过灯泡流回负极，使灯泡通电发光。在蓄电池放电过程中，正极板活性物质由 PbO_2 转变为 $PbSO_4$，负极板上的活性物质由 Pb 也转变为 $PbSO_4$，电解液消耗 H_2SO_4 生成 H_2O，电解液密度逐渐下降。

（3）充电过程：把放电后的蓄电池接一直流电源，使蓄电池正极连接直流电源的正极，蓄电池的负极连接直流电源的负极，当外加电源电压高于蓄电池电动势时，电源电流将以与放电电流相反的方向流过蓄电池，使蓄电池正、负极板发生电化学反应，对蓄电池进行充电。

在充电过程中，正极板上的 $PbSO_4$ 被氧化成 PbO_2，负极板上的 $PbSO_4$ 被还原为海绵状 Pb，电解液中的 H_2O 转变为 H_2SO_4，电解液密度逐步上升。只要充电过程进行，上述电化学反应就不断进行。当极板上的物质全部转变完成后，蓄电池就充足了电。

技能训练

蓄电池的使用与维护

【技能点】

★进一步了解蓄电池技术状况检测的内容

★掌握蓄电池技术状况检测的设备和方法

★掌握蓄电池充电设备的使用方法

【技能训练准备】

1. 设备及工具准备　蓄电池若干、带刻度的玻璃管、密度计、高率放电计、蒸馏水、充电设备等。

2. 学生实习准备　根据学生的人数，分成四组，确定每组的小组长。

【技能训练步骤】

一、蓄电池的使用注意事项

1. 要经常保持蓄电池的外部清洁，以防间接短路和电极接线柱腐蚀。

2. 要经常检查蓄电池在车上的安装是否牢靠，电极接线柱与接线头的连接是否紧固。

3. 定期检查和调整各单体内电解液液面高度。

4. 冬季补加蒸馏水时，只能在蓄电池充足电前进行。

5. 要经常检查加液孔盖是否拧紧，以免行车时因振动而使电解液溢出。

6. 使用启动机时，每次启动时间应不超过 5 s，两次启动之间的时间间隔应大于 15 s。

7. 对于车上使用的蓄电池，每月应拆下进行一次补充充电，新、旧蓄电池不允许混用。

8. 对暂时不用的蓄电池可放置在室内暗处进行湿储存。使用前，应重新充足电。

9. 对于长期不使用的蓄电池采用干储存法。

10. 未启用的新电池，其储存方法和时间应以出厂说明为准，其保管期限为 2 年。

11. 保管蓄电池时须注意，应保存在室温为 5～40 ℃的干燥、清洁及通风良好的地方，并不受阳光直射，远离热源，避免与任何液体和有害物质接触。

12. 蓄电池维护保养的注意事项见表 2 - 2。

表 2 - 2　蓄电池维护保养注意事项

应 用 范 围	
工作范围：维修站/蓄电池间	活动：蓄电池保养
对人和环境的危害	
	●引起严重腐蚀 ●毁坏有机织物和纺织品 ●蓄电池充电时产生有爆炸危险和爆鸣气体

（续）

保护措施和行为准则	
	●避免接触眼睛 ●戴上防护眼镜（必要时带上面罩）、手套和围裙 ●避免产生酸雾 ●禁止明火
出现事故和危险时的行为准则	
用通气吸附剂清除或用中性材料处理溢出的电解液 通知 _____ 先生/女士 溢出电解液较少时用大量清水稀释并冲净	
急　救	
	●脱掉已污染的衣物 ●用大量清水和肥皂彻底清洗皮肤接触部位 ●接触眼睛后用流水冲洗眼睛 15 min（眼皮保持翻开状态，保护好未受伤的眼睛，取下隐形眼镜），到眼科医生处治疗 ●误食后立即漱口并喝下大量清水，不要催吐，打电话叫医生 ●吸入酸雾后立即到有新鲜空气处休息 ●到医院治疗
按规定废弃处理	
将旧蓄电池收集在耐酸容器中并回收利用	

二、蓄电池充电

充电是蓄电池使用过程中的一个重要环节。对于新启用的蓄电池或修复的蓄电池，在使用前必须进行初次充电；使用中的蓄电池也要进行补充充电，特别是在车充电系统发生故障而导致蓄电池充电不足的情况下；在存放期中，每三个月也要进行一次放电、充电循环处理，以保持蓄电池一定的容量，延长其使用寿命。

蓄电池的充电包括定电流充电和定电压充电等。

1. 定电流充电　在充电过程中，使充电电流（一般蓄电池容量的 0.1 倍以下，如 60 A·h 蓄电池不大于 6 A）保持恒定的充电方法称为定电流充电法，简称定流充电。

定流充电时，被充电的蓄电池不论是 6 V 或 12 V，均可串联在一起进行充电，其连接方法如图 2-6 所示。所串联的蓄电池的容量应尽可能相同，如不相同，充电电流应用小容量的蓄电池来计算。当小容量的蓄电池充足电后，应随之去除，再继续给大容量的蓄电池充电。

2. 定电压充电　在充电过程中，充电电压始终保持不变的充电方法称为定电压充电法，简称定压充电。定压充电蓄电池的连接方式如图 2-7 所示。采取此方式时，要求各支路蓄电池的额定电压必须相同，容量也要一样。

定压充电的充电电压一般按单体电池电压的 2.5 倍选用，即 6 V 蓄电池的充电电压为 7.5 V，12 V 蓄电池的充电电压为 15 V。

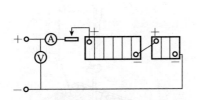
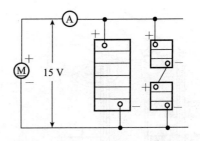

图2-6 定流充电时蓄电池的连接 图2-7 定压充电时蓄电池的连接

三、蓄电池的检测

1. **通过观察孔判断蓄电池技术状况** 对于无加液孔的全密封型免维护蓄电池，由于不能采用传统的密度计来测量电解液密度以判断其技术状况，为此，在这种免维护蓄电池内部一般装有一只小型密度计，通过顶端的检查孔观察其颜色可判断蓄电池的技术状况，如图2-8所示。

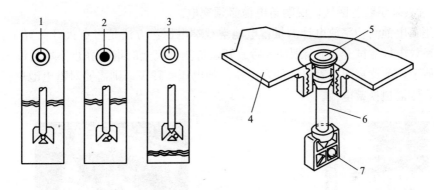

图2-8 蓄电池的技术状况

1. 绿色（充电程度为65%或更高） 2. 黑色（充电程度低于65%） 3. 浅黄色（蓄电池有故障） 4. 蓄电池盖
5. 观察窗 6. 光学的荷电状况指示器 7. 绿色小球

2. **电解液液面高度的检查** 对于塑料壳体的蓄电池，可以直接通过外壳上的液面线检查。壳体前侧面上标有两条平行的液面线。分别用"MAX"或"UPPER LEVEL"或"上液面线"和"MIN"或"LOWER LEVEL"或"下液面线"表示电解液液面的最高限和最低限，电解液液面应保持在高、低水平线之间，电解液不足应加注蒸馏水。

对于不能通过外壳上的液面线进行检测的蓄电池，可以用玻璃管测量液面高度。

检测方法：将玻璃管垂直插入蓄电池的加液孔中，直到与保护网或隔板上缘接触为止，然后用手指堵紧管口并将管取出，管内所吸取的电解液的高度即为液面高度，其值应为10~15 mm，如图2-9所示。

3. **蓄电池放电程度的检测**

（1）用密度计测量电解液密度：用密度计测试电解液密度是最直接的一种测试方法。吸取蓄电池中的电解液，直到浮子浮起，然后检查浮子高度和浮子刻线之间的关系，可读出电解液密度的数值，如图2-10所示。

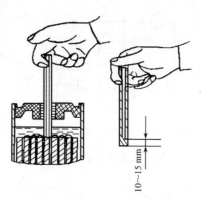

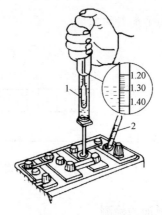

图 2-9 电解液液面高度的检测　　图 2-10 用吸式密度计测量电解液密度和温度

1. 密度计　2. 温度计

也可通过浮子彩色标记来判断蓄电池放电程度：

① 电解液处于黄色区域，说明电量充足，如图 2-11 所示；

② 电解液处于绿色区域，说明电量比较充足；

③ 电解液处于红色区域，说明蓄电池必须充电。

（2）用蓄电池高功率放电计测量蓄电池空载端电压：方法是将点火开关置于关闭状态，按压高功率放电计测试开关并保持 5 s 后放开，待测试仪上的指针静止不动后读出读数，如图 2-12 所示，此读数即为蓄电池的端电压。如电压＜12 V，则需要对蓄电池进行维护；电压＜11 V，则需更换蓄电池。

图 2-11 电解液处于黄色区域　　图 2-12 高功率放电计测量出蓄电池的空载端电压

（3）蓄电池电极桩的检测：为保证蓄电池在车上能给启动机提供大电流，除蓄电池本身的技术状况良好外，蓄电池极桩与电缆线的连接非常重要，极桩与电缆线的连接是否可靠可通过测量二者之间的压降来确定。如图 2-13 所示，将电压表正表笔接到蓄电池的正极桩上，负表笔接到正极桩电缆线的线夹上，接通启动机，使启动机带动发动机工作，这时电压表的读数不得大于 0.5 V，否则说明极桩与线夹接触不良，将产生启动困难。当极桩与线夹接触不良时，若是极桩表面氧化，应清除氧化物；若是接触松动，应重新紧固线夹。

图 2-13 蓄电池电极桩的检测连接法

四、蓄电池的常见故障

蓄电池在使用中所出现的故障，除了材料和制造方面的原因外，在很多情况下，是由于使用和维护不当所造成的。蓄电池的外部故障，有壳体或盖裂纹、封口胶干裂、极桩松动或腐蚀等；内部故障有极板硫化、活性物质脱落、极板短路、自行放电、极板拱曲等。下面简单分析几种常见故障现象的原因及排除方法。

1. **蓄电池常见外部故障** 蓄电池常见外部故障如图2-14所示。

（1）容器破裂：启动型蓄电池容器多由硬橡胶或塑料制成，其质地比较脆硬。造成破裂的原因有蓄电池的固定螺母旋得过紧、行车剧烈震动、外物击伤、蓄电池温度过高和电解液结冰等。检查判断时可根据蓄电池电解液液面以及蓄电池底部的潮湿情况来判断蓄电池容器是否有裂纹存在，容器的裂纹一般在其上口近四角处。蓄电池容器裂纹轻者可修补，重者应更换。

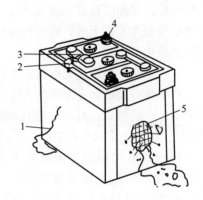

图2-14 蓄电池外部故障
1. 容器破裂 2. 封口胶裂纹 3. 联接条烧断
4. 极桩腐蚀 5. 蓄电池爆炸

（2）封口胶破裂：因质量低劣或受到撞击封口胶容易从裂缝中渗出，与脏物混合会使蓄电池内外相通形成短路，引起自行放电。封口胶轻微裂纹可用烧热的金属物—烙铁或小铲子封补，严重者可用喷灯轻微地烤烧熔封。

（3）联条烧断：联条烧断表现为全车无电。联条烧断对外装联条式蓄电池可直接看出，对穿壁跨接联条式蓄电池，则可用电压测试法测出。造成联条烧断的原因多为联条有缺陷，电启动机连线搭铁以及蓄电池正、负极短路。发现联条烧断，对外装联条式蓄电池，可重新浇制联条，对穿壁跨接联条式蓄电池，只能报废处理。

（4）极桩腐蚀：蓄电池的极桩腐蚀产生的污物，可用竹片将污物刮去。用蘸有5％碱溶液的抹布擦去残余污物和酸液，再用水清洗干净，然后在极桩表面涂以凡士林油层保护。腐蚀严重者，应更换极桩。

（5）蓄电池爆炸：蓄电池充电后期，电解液中水会分解为氢气和氧气。由于氢气可以燃烧，氧气可以助燃，如果气体不及时逸出，与明火接触会立即燃烧，从而引起爆炸。

为了防止蓄电池发生爆炸事故，蓄电池加液孔螺塞的通气孔应经常保持畅通，禁止蓄电池周围有明火，蓄电池内部连接处的焊接要可靠、以免松动引起火花。

2. **蓄电池内部故障**

（1）极板硫化：蓄电池长期处于放电状态或充电不足状态下放置时，在极板上会逐渐生成一层导电不良的白色粗晶粒 $PbSO_4$，且正常充电时不能将它转化为 PbO_2 和 Pb，这种现象叫做 $PbSO_4$ 硬化，简称硫化。极板硫化后，粗晶粒 $PbSO_4$ 堵塞了极板空隙，使电解液难于渗入极板内部，极板内层工作物质不能参加化学反应，同时增加了内阻，从而导致容量减少，启动性能和充电性能下降。

蓄电池硫化主要表现：极板上有白色的霜状物；蓄电池容量明显下降；用高率放电计检查时，单格电压明显降低；充电时单格电压迅速升高到 2.8 V 左右，但电解液密度上升不明显，且过早出现沸腾现象。极板硫化的主要原因是蓄电池在放电或半放电状态下长期放置，$PbSO_4$ 在温度高时溶入电解液，温度低时就结晶成为粗晶粒 $PbSO_4$ 沉淀在极板上；电解液液面太低，极板上部工作物质被氧化后，再与电解液接触（在液面上下振荡时）而生成粗晶粒 $PbSO_4$；电解液密度过大、放电电流过大和气温过高等。

补救办法，当硫化不严重时，可采用去硫充电法进行充电。即倒出电解液，灌入蒸馏水充分洗涤，反复清洗数次，最后灌入蒸馏水使液面高出极板 15 mm，用 $2\sim2.5$ A 电流的小电流充电。并随时检查电解液密度，如上升到 1.15 g/ml 以上时，可加蒸馏水冲淡，继续充至电解液密度不再上升，再进行放电。如此反复几次，最后一次充电时，应将密度调至规定值。当硫化严重时，应予以报废。

实践表明，用快速充电机充电，对于消除硫化有显著效果。

（2）自行放电：充足电的蓄电池，在放置不用的情况下，逐渐失去电量的现象，叫做自行放电。一般规定，对于充足电的蓄电池，如果蓄电池每存放 1 d，自行放电率不超过容量的 2%，就是正常的自行放电，超过 2% 就是有故障了。

自行放电的原因：电解液不纯（试验证明，电解液中若含有 1% 的铁，则蓄电池的电量将在一昼夜内全部放完），杂质与极板之间以及沉附于极板上不同杂质之间形成电位差，通过电解液产生局部放电；隔板破损，使极板短路；蓄电池的上盖、外壳不清洁时，蓄电池溢出的电解液堆积在盖板上，使正、负极桩形成短路；电池长期放置不用，H_2SO_4 下沉，下部密度较上部大，极板上、下部发生电位差引起自行放电等。

发生自行放电故障后，应倒出电解液，取出极板组，抽出隔板，再用蒸馏水冲洗极板和隔板，然后重新组装，加入新的电解液重新充电。

（3）极板短路：隔板损坏、极板拱曲或活性物质大量脱落都会造成极板短路。极板短路的外部特征是蓄电池的输出电压和充电电压都比较低，电解液密度上升很慢，充电小气泡很少，而且用高率放电计测试时，单格电压很低或者为零。

蓄电池出现短路故障以后，应将蓄电池拆开，查明短路故障原因后，将故障排除。

（4）活性物质脱落：蓄电池极板活性物质脱落（主要是指正极板上 PbO_2 的脱落）是蓄电池早期损坏原因之一，主要特征是电解液混浊，有褐色物质从蓄电池底部上升，蓄电池的容量下降。

在使用方面，由于充电电流过大，经常过充电或充电时电解液温度过高等，都能使极板的活性物质脱落；放电时电流过大，启动时间太长或过度放电，使极板拱曲，也使活性物质脱落。另外车辆在行驶中的颠簸震动，也会加速蓄电池极板活性物质脱落。实验证明，降低电解液密度，减小放电电流以及提高电解液温度，都有利于形成疏松的 $PbSO_4$ 层，因而有利于防止活性物质脱落。反之，若采用高密度电解液，或者是低温大电流放电，都容易形成致密的 $PbSO_4$ 层，加速活性物质脱落。

负极板上活性物质脱落的主要原因是大电流过充电，产生大量的 H_2 和 O_2，当 H_2 从负极板的孔隙向外冲出时，会使活性物质脱落。

蓄电池电解液中沉淀物少时，可以消除后继续使用；沉淀物多时，应更换新极板。

（5）单格极性颠倒：在放电过程中，若整体蓄电池中有一单格电池电压很快降低到零，这时若不停止放电，该格电池将被其他单格的正常放电反充电成为反极电池。经过一段时间，这格电池正极板成为负极板，负极板成为正极板。一旦反极，整个蓄电池将降低 4 V 以上的电压。

造成电池反极的原因多数是在放电前未能及时发现有故障的单格电池或过放的单格电池；在充电时，蓄电池极性与电源极性接错会造成整个蓄电池极性颠倒。

为了防止蓄电池极性颠倒，必须加强维护，经常检查蓄电池，及早发现故障，尽快排除。对过度放电的单格电池应单独充、放电或换极板组，使其容量与其他正常单格电池容量接近或相同时方可使用。

任务 2　硅整流发电机的使用与维护

引　入

拖拉机、联合收割机的供电是不是全部靠蓄电池呢？

理论知识

发电机是拖拉机、联合收割机的重要电源，它与发电机调节器配合工作。其主要任务：当发动机转速达到一定值后，对所有用电设备供电，并向蓄电池充电。农机上用硅整流发电机按总体结构形式可分为普通式（发电机与电压调节器独立）、整体式（电压调节器附在发电机内）、带真空泵式、无刷式、永磁式等，按励磁绕组的搭铁方式可分为内搭铁式和外搭铁式，按整流器的形式可分为 6 管交流发电机、8 管交流发电机、9 管交流发电机和 11 管交流发电机等。

一、硅整流发电机的结构

硅整流发电机由转子、定子、电刷及电刷架、风扇、皮带轮、前后端盖等组成，如图 2 - 15 所示。

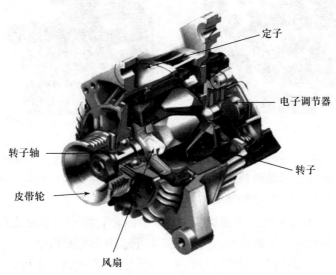

图 2 - 15　硅整流发电机的结构

1. 转子 转子是硅整流发电机的磁场部分，主要由两块爪极、磁场绕组、轴和滑环等组成。两块爪极各具有六个鸟嘴形磁极，压装在转子轴上，在爪极的空腔内装有磁轭，其上绕有磁场绕组（又称励磁绕组或转子线圈）。磁场绕组的两引出线分别焊在与轴绝缘的两个滑环上，滑环与装在后端盖上的两个电刷接触。当两电刷与直流电源接通时，磁场绕组中便有磁场电流通过，产生轴向磁通，使得一块爪极被磁化为 N 极，另一块爪极为 S 极，从而形成了六对相互交错的磁极，转子如图 2-16 所示。

2. 定子 定子由定子铁芯和定子绕组组成。定子铁芯由相互绝缘的内圆带嵌线槽的圆环状硅钢片叠成。嵌线槽内嵌入三相对称的定子绕组。绕组的接法有星形（即 Y 形）、三角形两种方式。一般采用星形连接，即每相绕组的首端分别与整流器的硅二极管相接，每相绕组的尾端接在一起，形成中性点 N，定子如图 2-17 所示。

图 2-16 转 子

图 2-17 定 子

3. 电刷及电刷架 电刷及电刷架如图 2-18 所示，电刷总成由两只电刷、电刷弹簧和电刷架组成。

两只电刷装在电刷架的孔内，借电刷弹簧的压力与滑环保持接触，用于给发电机转子绕组提供磁场电流。电刷架由酚醛玻璃纤维塑料模压而成或用玻璃纤维增强尼龙制成，安装在发电机的后端盖上。

电刷

电刷架

图 2-18 电刷及电刷架实物

目前国产硅整流发电机的电刷架有两种结构，如图 2-19 所示，一种电刷架可直接从发电机的外部拆装，因此，拆装维修方便；另一种则不能从发电机外部进行拆装，如需要换电刷，还需要将发电机拆开，故这种结构将逐渐被淘汰。

4. 整流器 硅整流发电机整流器如图 2-20 所示，它的作用是将发电机定子绕组产生的三相交电变换为直流电，一般由六只硅整流二极管及其散热板组成。硅整流发电机用的整流二极管有正极二极管和负极二极管之分，正二极管的中心引线为正极，外壳为负极，三只正极二极管的外壳压装或者焊接在铝合金散热板的三孔中，共同组成发电机的正极。由固定散热板的螺栓通至外壳，作为硅整流发电机的输出接线柱"B"（也有标"＋"或"电枢"字样的）。负二极管的中心引线为负极，外壳为正极，三只负二极管的外壳压装或焊接在另一散热板上（此板与后端盖相接），或者直接压装在后端盖的三个孔中，和硅整流发电机的外壳共同组成硅整流发电机的负极。

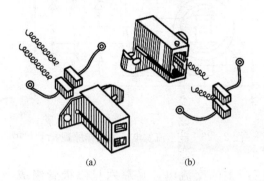

整流器

图 2-19　发电机电刷组件
(a) 外装式　(b) 内装式

图 2-20　硅整流发电机整流器实物

5. 前、后端盖　如图 2-21 所示，前、后端盖是由非导磁材料铝合金制成的，漏磁少，并具有轻便、散热性能好等优点。在后端盖上装有电刷架和电刷。

硅整流发电机的搭铁形式分为内搭铁和外搭铁两种。内搭铁式的硅整流发电机，其励磁绕组的两端通过电刷分别引至发电机后端盖上的接线柱，分别称为"F"（或"磁场"）和"E"（或"搭铁"）接线柱，即励磁绕组的一端在发电机的外壳上直接搭铁。外搭铁式的硅整流发电机，其励磁绕组的两端引至后端盖上的接线柱，分别称为"F_1"和"F_2"接线柱，且两个接线柱均与发电机的后端盖绝缘，励磁绕组需经调节器搭铁。

6. 风扇及皮带轮　风扇及皮带轮如图 2-22 所示。硅整流发电机的前端装有皮带轮，由发动机通过风扇传动带驱动发电机旋转。在皮带轮的后面装有叶片式风扇，前后端盖上分别有出风口和进风口。当发动机带动发电机高速旋转时，可使空气流经发电机内部，对发电机进行冷却。

(a)　　　　　　(b)　　　　　　(a)　　　　　　(b)

图 2-21　前、后端盖实物　　　　图 2-22　风扇及皮带轮实物
(a) 前端盖　(b) 后端盖　　　　　(a) 风扇　(b) 皮带轮

二、发电机的工作原理

1. 发电机原理　当外加的直流电压作用在励磁绕组两端点的接线柱之间时，励磁绕组

中便有电流通过，产生轴向磁场，两块爪形磁极磁化，形成了六对相间排列的磁极。磁极的磁力线经过转子与定子之间的气隙、定子铁芯形成闭合磁路。

当转子旋转时，磁力线和定子绕组之间产生相对运动，在三相绕组中产生交流电动势。如图2-23所示，由于三相绕组是对称绕制的，所以产生的三相电动势也是对称的。

每相绕组的电动势有效值的大小和转子的转速及磁极的磁通成正比。即：

$$E_\Phi = C_1 n \Phi$$

式中，E_Φ 为电动势的有效值（V）；C_1 为电机常数；n 为转子的转速（r/min）；Φ 为磁极磁通（Wb）。

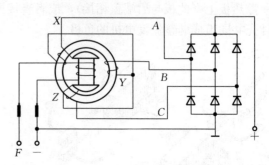

图2-23　硅整流发电机的工作原理

2. 整流原理　硅整流发电机定子绕组中感应产生的交流电，是靠六只二极管组成的三相桥式全波整流电路变为直流电的。利用二极管的单向导电特性，把交流电变为直流电。

（1）二极管的导通原则：由于三只正二极管（VD_1、VD_3、VD_5）的正极分别接在硅整流发电机三相绕组的始端（A、B、C）上，它们的负极又通过散热板连接在一起，所以三只正二极管的导通原则是在某一瞬间正极电位最高者导通。由于三只负二极管（VD_2、VD_4、VD_6）的负极也与硅整流发电机三相绕组的始端相连，其正极通过散热板连接在一起，所以三只负二极管的导通原则是在某一瞬间负极电位最低者导通，三相整流电路如图2-24(a)所示，整流过程如图2-24(b)所示。

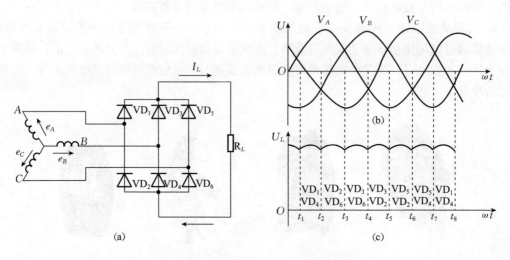

图2-24　三相桥式整流电路及电压波形
(a) 电路　(b) 三相交流电动势　(c) 整流后的输出电压波形

（2）发电机的励磁方式：当硅整流发电机低速运转时，发电机电压低于蓄电池电动势时，由蓄电池供给磁场绕组激磁电流，称为它励。由于激磁电流较大，磁极磁场很强，从而使发电机很快建立电压。当发电机转速升高，其电压高于蓄电池电动势时，磁场绕组的激磁电流由发电机自给，称自励。

由于硅整流发电机低速运转时，由蓄电池向激磁线圈供电，建立电压快；发动机与发电机之间的传动比大，所以硅整流发电机低速充电性能好。

硅整流发电机的激磁电流通断路由开关控制，车辆停驶发动机熄火后，将开关断开，蓄电池不会再对磁场绕组供电而烧坏磁场绕组。

三、硅整流发电机型号

根据中华人民共和国行业标准规定，硅整流发电机的型号如下：

1	2	3	4	5

第一部分表示产品代号，用两或三个汉语大写拼音字母表示，硅整流发电机的产品代号有 JF、JFZ、JFB、JFW 四种，分别表示硅整流发电机、整体式硅整流发电机、带泵硅整流发电机和无刷硅整流发电机。

第二部分表示电压等级代号，用1位阿拉伯数字表示，1表示12 V、2表示24 V、6表示6 V。

第三部分表示电流等级代号，用1位阿拉伯数字表示，其含义见表2-3。

第四部分表示设计序号，按产品的先后顺序，用1、2位阿拉伯数字表示。

第五部分表示变型代号，硅整流发电机是以调整臂的位置作为变型代号。从驱动端看，Y表示调整臂在右边，Z表示调整臂在左边，调整臂在中间时不加标记。

表 2-3　电流等级代号

	1	2	3	4	5	6	7	8	9
电流/A	0～19	20～29	30～39	40～49	50～59	60～69	70～79	80～89	≥90

技能训练

硅整流发电机的使用与检修

【技能点】

★进一步了解硅整流发电机的结构

★掌握硅整流发电机检测的方法

★掌握硅整流发电机检测工具的使用方法

【技能训练准备】

1. 设备及工具准备　硅整流发电机若干、数字万用表若干、常用工具若干等。

2. 学生实习准备　根据学生的人数，分成四组，确定每组的小组长。

【技能训练步骤】

一、硅整流发电机的车上检查

1. 检查传动带的外观　用肉眼观察传动带有无磨损，带与带轮啮合是否正确。如有裂纹或磨损过度，应及时更换同种规格型号的传动带，V形带应两根同时更换。

2. **检查传动带的挠度** 带过松会造成带轮与带之间打滑，使发电机输出功率降低，发动机水温过高；带过紧易使带早期疲劳损坏，加速水泵及发电机轴承磨损。所以应定期检查带的挠度。检查方法：在发电机带轮和风扇带轮中间用 30～50 N 的力按下带，如图 2-25 所示，带的挠度应为 10～15 mm。若过松或过紧，应松开发电机的前端盖与撑杆的锁紧螺栓，扳动发电机进行调整，松紧度合适后，重新旋紧锁紧螺栓。

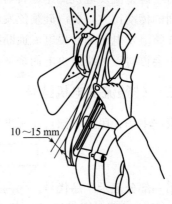

10～15 mm

3. **检查有无噪声** 当硅整流发电机出现故障（特别是机械故障，如轴承破损、轴弯曲等）后，在发电机运转时会产生异常噪声。检查时可逐渐加大

图 2-25 硅整流发电机传动带
的挠度检查

发动机油门，使发电机转速逐渐提高，同时监听发电机有无异常噪声，如有异常噪声，应将发电机拆下并分解检修。当 V 带运转时有异响并伴有异常磨损时，应检查曲轴带轮、水泵带轮、发电机带轮是否在同一旋转平面内。

4. **检查导线连接情况**

① 检查各导线端头的连接部位是否正确；

② 发电机"B"接线柱必须加装弹簧垫圈；

③ 采用插接器连接的发电机，其插座与线插头的连接必须锁紧，不得有松动现象。

二、硅整流发电机的拆卸

将硅整流发电机从车上拆下时，应按以下步骤进行：

（1）读出故障代码：目前，在大型拖拉机、联合收割机上都装有电子控制系统，如果拆下蓄电池搭铁电缆接头，将会使电子控制单元（ECU）内存中的故障代码消失，所以在拆卸蓄电池搭铁电缆接头时必须首先读出 ECU 中的故障代码；

（2）拆下蓄电池负极柱上的搭铁电缆接头：因拖拉机、联合收割机上蓄电池的正极与发电机的"B"接线柱（输出接线柱）是直接相连的，如不先拆下搭铁电缆，那么在拆卸发电机"B"接线柱上的导线接头时，一旦扳手搭铁，会导致短路放电而损坏蓄电池正极与发电机"B"接线柱之间的导线和电缆。因此，必须先拆下搭铁电缆接头或断开电源总开关；

（3）拆下发电机的导线接头或接插器插头；

（4）拆下发电机紧固螺栓和传动带张力调节螺栓，并松开传动带；

（5）取下发电机，用干净棉纱擦净发电机表面的尘土及油污，以便解体与检修。

三、硅整流发电机拆解前的检测

使用万用表对硅整流发电机的接线柱进行测量，可以初步判定硅整流发电机的状态。对于普通硅整流发电机拆解前的测量，建议使用指针式万用表，其测量结果根据使用万用表型号不同，略有差异。

1. 硅整流发电机的车上检测

（1）首先调整好硅整流发电机皮带张紧度，然后拆除发电机上的所有导线；

（2）用一根导线把硅整流发电机的"B"接线柱与"F"接线柱连起来；

（3）把万用表拨至直流电压 0～50 V 一挡，将正测试棒接"B"接线柱，负测试棒接外壳；

（4）启动发动机、并把从硅整流发电机"B"接线柱拆下的来自蓄电池的火线碰一下发电机的"F"接线柱，对硅整流发电机进行它励。然后将火线移开，缓缓提高发动机转速；

（5）观察电压表，若电压表所指示的电压值随转速升高而增大，则说明硅整流发电机良好；若电压表无指示，则说明硅整流发电机不发电，应进一步检查；

（6）上述过程若无电压表，可用试灯代替。试灯亮表明硅整流发电机良好，试灯不亮，则表明硅整流发电机有故障。

2. 硅整流发电机的不拆卸检查　可利用万用表进行检查，检查步骤如下：

（1）用万用表 $R \times 1$ 挡测试硅整流发电机"F"与"E"搭铁之间的电阻值；

（2）用万用表 $R \times 1$ 挡测试硅整流发电机"B"与"E"搭铁之间的电阻值（正、反向）；

（3）用万用表 $R \times 1$ 挡测试硅整流发电机"B"和"F"之间的正反向电阻值。

正常情况下，其阻值应符合表 2-4。

表 2-4　硅整流发电机各接线之间的电阻值

发电机型号	"F"与"E"之间的电阻/Ω	"B"与"E"之间的电阻/Ω		"F"与"B"之间的电阻/Ω	
		正向	反向	正向	反向
JF11 JF13 JF15 JF21	5～6	40～50	>1 000	50～60	1 000
JF12 JF22 JF23 JF25	19.5～21	40～50	>1 000	50～70	1 000

注意：用不同形式的万用表测量的电阻值并不完全相同，但其变化趋势是相同的。若"F"与"E"之间电阻值超过规定值，说明电刷与滑环接触不良；电阻值小于规定值，表明激磁绕组有匝间短路；如电阻值为零，则说明滑环之间短路或"F"接线柱搭铁。

若用万用表的"－"测试棒搭发电机外壳，"＋"测试棒搭发电机"B"接线柱，表针指示在 40～50 Ω 之间，说明二极管正常；如指示在 10 Ω 左右，说明有个别的二极管已经被击穿或短路；如指示为零或接近于零，则说明装在端盖上或元件板上的二极管中有损伤或已被击穿短路。

如果发电机具有中性点"N"接线柱时，用万用表 $R \times 1$ 挡测量"N"与"B"以及"N"与"E"之间的正、反向电阻值，可进一步判断故障所在处，详见表 2-5。

表2-5 发电机"N"与"B"及"N"与"E"间的电阻值及二极管的诊断

测试部位	正向电阻/Ω	反向电阻/Ω	诊　断
"N"与"B"	10	1 000	元件板上正极二极管良好
接线柱间	0	0	元件板上正极二极管短路
"N"与"E"	10	1 000	后端盖上负极二极管良好
接线柱间	0	0	后端盖上负极二极管短路或搭铁

四、硅整流发电机的拆解与装配

1. 硅整流发电机的拆解按照以下操作步骤进行

（1）拆下电刷及电刷架（外装式）紧固螺钉，取下电刷架总成，如图2-26所示。

（2）在前后端盖上做记号，拆下连接前后端盖的紧固螺栓，如图2-27所示，将其分解为与转子结合的前端盖和与定子连接的后端盖两大部分。

注意：不能单独将后端盖分离下来，否则会扯断定子绕组与整流器的连接线（即三相定子绕组端头）。

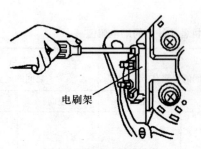

图2-26 电刷架拆解

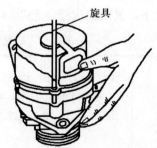

图2-27 前、后端盖的分解

（3）将转子夹紧在台虎钳上，拆下带轮紧固螺母（图2-28）后，可依次取下带轮、风扇、半圆键、定位套。

（4）将前端盖与转子分离，若该部分装配过紧，可用拉器拉开（图2-29）或用木槌轻轻敲，使之分离。

注意：铝合金端盖容易变形，因此拆卸时应均匀用力。

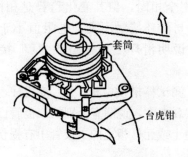

图2-28 皮带轮的分解

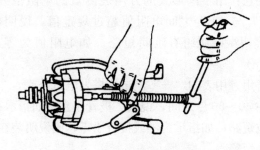

图2-29 前端盖的分解

（5）拆掉防护罩，拆掉图2-30所示的后端盖上的三个螺钉，即可将防护罩取下。

对于整体式发电机，先拧下发电机"B"接线柱上的固定螺母并取下绝缘套管；再拧下后防尘盖上的三个带垫片的固定螺母，取下后防尘盖；然后拆下电刷组件的两个固定螺钉和调节器的三个固定螺钉，取下电刷组件和IC调节器总成；最后拧下整流器二极管与定子绕组的引线端子的连接螺钉，取下整体式整流器总成。

（6）拆下定子上四个接线端（三相绕组首端及中性点）在散热板上的连接螺母，如图2-31所示，使定子与后端盖分离。

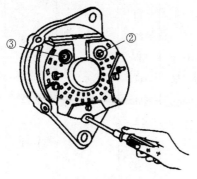

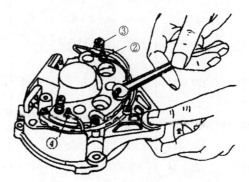

图 2-30 后端盖的分解　　　　图 2-31 定子线圈与整流板的分解

（7）拆下后端盖上紧固整流器总成的螺钉，取下整流器总成，如图2-32所示。

注意：若经检验所有二极管均良好，该步骤可不进行。

（8）零部件的清洗：对机械部分可用煤油或清洗液清洗，对电器部分如绕组、散热板及全封闭轴承等宜用干净的棉纱擦去表面尘土、脏污。

发电机的拆解要按照工艺要求进行，禁止生敲硬卸而损坏机件。拆解的零件要按照规范清洗并顺序摆放。对有问题的零件和拆解复杂部位的顺序和连接方法，必要时要有详细记录。

2. 硅整流发电机的装配 按拆解相反顺序组装，组装完毕后使用万用表检测各接线柱与外壳间的电阻值，应该符合参数要求。否则应该拆解重装。

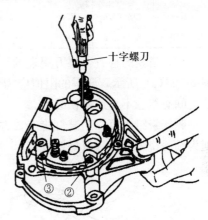

图 2-32 整流板的分解

五、硅整流发电机解体后检测

1. 转子的检测

（1）检测激磁绕组：将万用表拨到 $R \times 1$ 挡，然后将两测试棒分别触及两个滑环，如图2-33所示。

如果测量阻值符合表2-6规定，说明激磁绕组良好；如阻值小于规定值，说明激磁绕组有匝间短路；如电阻无限大，则说明激磁绕组断路。

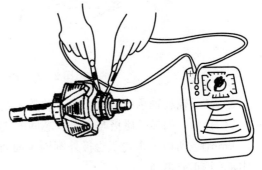

图 2-33 用万用表测试激磁绕组的电阻值

表 2-6　国产 JF 系列硅整流发电机定子和激磁绕组各项数据

型号	激 磁 绕 组			定 子 绕 组					
	导线直径 /mm	匝数	20 ℃时 电阻/Ω	铁芯 槽数	导线直径 /mm	每个线 圈匝数	每相串联 线圈数	线圈节距 /mm	绕组 接法
JF01	QZ 0.53	500	5±0.2	24	QZ 1.04	21	4	1～4	
JF11	QZ 0.62	520	5.3±0.2	36	QZ 1.08	13	6	1～4	
JF13	QZ 0.62	550	5.6±0.3	36	QZ 1.04	13	6	1～4	
JF12	QZ 0.44	1 080	19.3±0.2	36	QZ 0.83	25	6	1～4	
JF23	QZ 0.47	1 100	20±0.3	36	QZ 0.83	25	6	1～4	
JF21	QZ 0.64	575	5±0.2	36	QZ 1.08 二根	11	6	1～4	星
JF15	QZ 0.67	600	5.5±0.3	36	QZ 1.35	11	6	1～4	
JF22	QZ 0.47	1 012	18±0.2	36	QZ 1.08	21	6	1～4	
JF25	QZ 0.47	1 100	20±0.3	36	QZ 1.04	22	6	1～4	
JF17	QZ 0.74	700	5	36	QZ 1.68	7	6	1～4	形
2JFT750	QZ 0.86	600	3.53	36	QZ 1.2	8	6	1～4	
JF27	QZ 0.59	1 100	13	36	QZ 1.25	15	6	1～4	
3JF750	QZ 0.67	950	8.5	36	QZ 0.93 二根	15	6	1～4	
JF1000	QZ 0.67	1 250	14.7	42	QZ 1.00 二根	12		1～4	
JF210	QZ 0.67	1 200	13	36	QZ 1.08 二根	12	6	1～4	

（2）搭铁的检查：将万用表的一个测试棒触及滑环，另一个试棒触及爪极或转子轴，如图 2-34（a）所示，测得的阻值应为无限大，说明绕组与铁芯绝缘良好，否则说明滑环与铁芯之间有绝缘不良或搭铁故障。

磁场绕组也可以用试灯检查，方法如图 2-34（b）所示，测试灯不亮为正常，测试灯亮则为励磁绕组或滑环有搭铁故障。

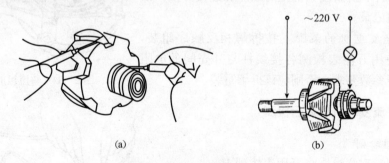

（a）　　　　　　　　　　（b）

图 2-34　磁场绕组搭铁检查

（3）转子轴和轴承的检修：由于硅整流发电机转子转速很高，因此转子与定子之间不允许有任何接触，而转子磁极与定子铁芯间的气隙又很小（一般为 0.25～0.50 mm，最大不超过 1.0 mm），所以要求转子磁极外圆周表面对两端轴颈公共轴线的径向圆跳动≤0.05 mm，否则应予校正或更换。

封闭式轴承，不要拆开密封圈，不宜在溶剂中清洗，轴承径向不应松动，滚珠和轨道应无明显损伤，转动灵活，否则更换。

（4）滑环的检修：滑环表面应光洁，不得有油污，两滑环之间不得有污物，否则应进行清洁。可用干布蘸汽油擦净，当滑环脏污严重并有轻微烧损时，可用细砂布磨光；若严重烧损或失圆，可在车床上车削修复，修复后，滑环表面粗糙度≤Ra1.60μm，滑环厚度≥1.50 mm。

2.定子的检测

（1）断路的检查：将万用表拨到 $R\times1$ 挡，然后将两测试棒分别轮流触及三相绕组的三个引出线头，图2-35(a) 所示，若指针读数在1Ω以下，则为正常，若指针不动，说明有断路处。

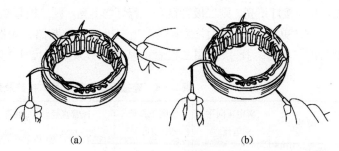

若发现断路，应将焊在一起的三相绕组的中点分别与各绕组的另一端连接，测定断路在哪一绕组。

图2-35 定子绕组的检测
(a) 定子绕组短路、断路的检测 (b) 定子绕组搭铁检查

（2）搭铁的检查：将万用表的一个试棒触及三相绕组的任何一个引出线头，另一试棒触及定子铁芯，如图2-35(b) 所示，测得的电阻值应为无限大，否则说明有搭铁现象。

如发现搭铁，应将三相绕组中点烫开，测定搭铁发生在哪一相绕组，找出搭铁部位。

3.整流器的检测

（1）用万用表测量二极管的正、反向电阻值：拆下定子绕组与整流器二极管的连接线，用万用表逐个检查每个整流二极管的正、反向电阻值，如图2-36所示。

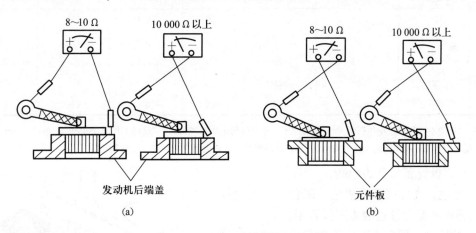

图2-36 用万用表挡检查二极管

先测量压在后端盖上的二极管，即用万用表的"－"测试棒搭端盖、"＋"测试棒搭二极管的引线，电阻值应符合表2-7规定。

表2-7 二极管的正向电阻值

万用表型号	MF500	MF7	MF18	MF10	MF30	MF14	MF12
二极管正向电阻/Ω	8～10	8～8.5	9	10.5～11.5	19～20	40～50	115～120

然后把测试棒交换测量，电阻值为无限大。压在元件板上的三个二极管是相反导向的，测量结果也相反。

在测试过程中，若正反向测试时，电阻都为零，则说明二极管短路；电阻都为无限大，则说明二极管断路。

上述过程如无万用表，可用灯代替，将二极管与车用灯泡串联后与蓄电池连接。如灯一次亮，反向接灯不亮，则二极管良好；若灯均不亮，则二极管断路；若灯均亮，则二极管短路。

（2）更换二极管的注意事项：当二极管内部断路、短路时，都必须更换，更换时换用同型号的二极管。JF 系列用二极管的基本参数及外形尺寸主要技术参数详见表 2-8、表 2-9。

表 2-8　硅整流二极管的基本参数及外形尺寸

型号	额定正向平均电流/A	反向工作峰值电压/V	二极管直径 D/mm	二极管引线直径 D/mm	L_1/mm	L_2/mm
					不大于	
ZQ10	10	100	$\phi 13^{+0.15}_{+0.08}$	$\phi 4.2$	8	19
ZQ15	15					
ZQ20	20					
ZQ30	30		$\phi 13^{+0.15}_{+0.08}$	$\phi 5.2$	14	35
ZQ50	50					

注：ZQ10、ZQ15、ZQ20 铝散热器配合孔径为 $\phi 13+0.027$，ZQ30、ZQ50 铝散热器配合孔径为 $\phi 19+0.033$；元件壳直纹滚花节距 0.6 mm，纹顶宽 0.2 mm。

表 2-9　硅整流二极管的主要技术参数

参数 型号	额定正向平均电流/A	5 min 正向过载平均电流/A	反向不重复峰值电压/V	反向不重复平电流/A	通态平均电压/V	额定结温/℃	额定结温升/℃
ZQ10	10	12	≥200	≤2	≤0.60	150	75
ZQ15	15	20	≥200	≤3	≤0.60	150	75
ZQ20	20	25	≥200	≤4	≤0.60	150	75
ZQ30	30	40	≥200	≤5	≤0.60	150	75
ZQ50	50	65	≥200	≤6	≤0.60	150	75

注："反向不重复峰值电压"的 80% 称为"反向重复峰值电压"；50% 为"反向工作峰值电压"，相应的漏电流称为"反向重复平均电流"及"反向工作平均电流"；特殊需要时，参数由用户与制造厂协商制订。

（3）二极管正、负的判断：

① 颜色。壳体底部为黑色（绿色）的为负极管子，壳体底部为红色的为正极管子。

② 试灯法。蓄电池正极接二极管引线，负极接试灯，再接二极管外壳时，试灯亮，则二极管为正极管，反之为负极管。

4. 电刷组件的检测　电刷及电刷架应无破损或裂纹，电刷在电刷架中应能活动自如，无卡滞现象。

电刷长度也叫电刷高度，应不低于原长度的

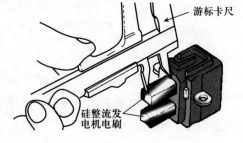

图 2-37　电刷高度的检测

2/3，否则应更换，如图 2-37 所示。电刷弹簧的弹力和长度应按照相应车型的规定进行检验，如弹簧自由高度一般在 30 mm 左右，当压缩至 14 mm 时，压力应为 0.1～0.2 kg，不符合规定应更换，以免造成电刷与滑环接触不良或加速电刷与滑环的磨损。

任务3　调节器的使用与维护

引　入

某台拖拉机，新灯泡装上不久就烧坏。灯泡容易烧坏，应该是电源电压过高导致的。

理论知识

从硅整流发电机的特性可以看出，随着发电机转速的升高，其端电压上升较快。为了保证用电设备正常工作，防止蓄电池过充电及损坏电子装置，硅整流发电机必须配用电压调节器，使其输出电压保持稳定。

一、调节器的类型

常用电压调节器有机械振动触点式调节器和电子调节器两种。机械振动触点式调节器按触点的数目又分单级触点式和双级触点式，电子调节器又分为晶体管式、集成电路式和可控硅。

二、调节器的基本原理

（一）单极触点式电压调节器

目前农机上常用调节器主要是单级触点式，以 FT111 型电压调节器为例，介绍其结构及原理。

FT111 型单极触点式电压调节器的结构如图 2-38 所示。其工作原理如下：

接通点火开关，在发电机电压建立的过程中或发电机电压已建立（高于蓄电池电压）但仍低于调节电压值（13.8～14.6 V）时，调节器触点处于闭合状态。发电机所需的激磁电流由蓄电池或发电机供给，其电路是：蓄电池（或发电机）（＋）→电流表→点火开关→调节器正接线柱→磁轭→活动触点臂→触点 K→固定触点臂→调节器磁场接线柱→发电机"F"接线柱→激磁线圈→搭铁→蓄电池（或发电机）（一）。

当发电机转速上升，其电压达到或大于调节电压值后，由于磁化线圈的作用，铁芯吸力增强，克服了弹簧拉力，触点张开。此时，激磁电流经过加速电阻和调节电阻构成回路。由于激磁回路串入电阻，激磁电流减小，发电机电压下降。当电压下降至一定值，

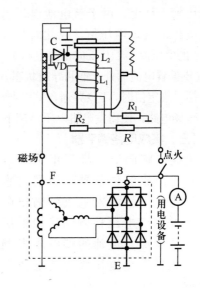

图 2-38　FT111 型单级触点式电压调节器

R_1. 加速电阻（4 Ω）　R_2. 调节电阻（150 Ω）

R_3. 温度补偿电阻（15 Ω）　L_1. 磁化线圈（900 匝）

L_2. 扼流线圈（15.5 匝）　D. 二极管（2CZ85D）

C. 电容器（0.1 μf）

磁化线圈的磁通减弱，铁芯吸力减小，在弹簧的作用下，触点重新闭合，加速电阻和附加电阻被短路，激磁电流又经触点构成回路，激磁电流回升，发电机电压回升。当发电机电压上升后，触点又张开，如此周而复始开闭触点，在发电机极限转速范围内，电压稳定在规定的范围内。

电容 C、二极管 VD、轭流线圈 L_2 组成灭弧系统，灭弧系统的工作原理：在触点打开的瞬间，由于励磁电流减小，在励磁绕组中就产生了自感电动势，并正向加在二极管 VD 上，感应电流通过二极管 VD 和轭流线圈 L_2 构成了回路，同时电容 C 与轭流线圈 L_2 串联后并联在触点两端，也限制了自感电动势的增长，保护了触点，用来吸收自感电动势。轭流线圈 L_2 的作用是触点打开时，感应电流通过它产生退磁作用，以加快触点的闭合，提高了触点振动频率，使电压更趋稳定。

（二）电子调节器

电子调节器是利用三极管的开关特性制成的，即将三极管作为一只开关串联在发电机的磁场电路中，根据发电机输出电压的高低，控制三极管的导通和截止，调节发电机的磁场电流使发电机输出电压稳定在某一规定的范围之内。

电子调节器有内搭铁和外搭铁之分，分别与内搭铁或外搭铁式发电机匹配使用。

如图 2-39 所示为内搭铁式电子调节器的基本电路原理。通常由三极管、信号放大和控制电路以及电压信号的检测电路等三部分电路组成。

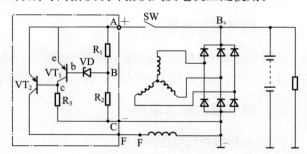

图 2-39　内搭铁式电子调节器的基本电路

当合上点火开关 SW 后，蓄电池电压便加在 A、C 两端，电阻 R_1 上的分压 U_{AB} 通过三极管 VT_1 的发射极加到稳压管 VD 上，由于蓄电池电压低于发电机的规定电压值，故此时加到 VD 上的电压值小于其反向击穿电压 U_{VD}，VD 截止，三极管 VT_1 截止，三极管 VT_2 则由电阻 R_3 提供偏置电流而处于饱和导通状态，蓄电池便经 VT_2 给磁场绕组提供磁场电流。当发电机电压超过规定值时，VD 导通，VT_1 导通，使 VT_2 的发射极被短路，因而 VT_2 截止，从而切断了磁场电路，使得发电机电压迅速下降。如此反复，发电机的电压便被稳定在规定值。

（三）集成电路调节器

集成电路调节器是利用集成电路（IC）组成的调节器，如果它直接在发电机上检测发电机的输出电压称为发电机电压检测法；如果用连接导线检测蓄电池的端电压来调节发电机的输出电压称为蓄电池电压检测法。

（1）发电机电压检测法：如图 2-40 所示，加在电阻 R_1、R_2 上的电压是励磁二极管 VD_L 输出端电压 U_L，它和发电机输出端 B 的电压相等，检

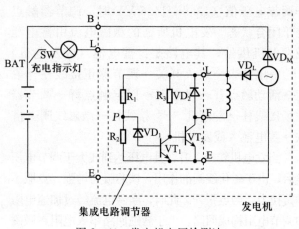

图 2-40　发电机电压检测法

测点 P 的电压为：

$$U_p = \frac{R_2}{R_1 + R_2} \cdot U_L = \frac{R_2}{R_1 + R_2} \cdot U_B$$

由于检测点 P 加在稳压管 VD_1 两端反向电压与发电机端电压 U_B 成正比，所以称为发电机电压检测法。

（2）蓄电池电压检测法：如图 2-41 所示，加在电阻 R_1、R_2 上的电压是蓄电池端电压 U_{BE}，此时，检测点 P 的电压为：

$$U_P = \frac{R_2}{R_1 + R_2} \cdot U_{BE}$$

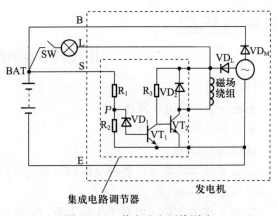

图 2-41　蓄电池电压检测法

所以通过检测点 P 加到稳压管上的反向电压与蓄电池电压成正比，因此称为蓄电池的电压检测法。与发电机电压检测法相比，减少了电路中的电压降，用这种方法可以直接控制蓄电池的充电电压。

发电机电压检测法与蓄电池电压检测法的最大区别在于，前者所取信号直接来自于发电机的输出端，后者则来自于蓄电池的端电压。相比而言，采用发电机电压检测法，可省去信号输入线，缺点是当发电机至蓄电池电路上的压降损失较大时，可导致蓄电池的端电压偏低引起蓄电池充电不足。因此，一般大功率发电机多采用蓄电池电压检测法，使蓄电池的端电压得以保证。但采用蓄电池电压检测法，若发电机的电压输出线或信号输入线断路时，由于无法检测发电机的工作情况，则会造成发电机电压失控现象。故在大多数实用电路中，对其电路做了相应改进。

三、调节器的型号

根据中华人民共和国行业标准调节器的型号由五部分组成：

1	2	3	4	5

第一部分表示产品代号，用两或三个汉语大写拼音字母表示，有 FT、FDT 两种，分别表示有触点的电磁振动式调节器和无触点的电子调节器。

第二部分表示电压等级代号，用 1 位阿拉伯数字表示，1 表示 12 V、2 表示 24 V、6 表示 6 V。

第三部分表示结构型式代号，用 1 位阿拉伯数字表示，其含义见表 2-10。

第四部分表示设计序号，按产品的先后顺序，用 1 位或 2 位阿拉伯数字表示。

第五部分表示变型代号，用汉语拼音大写字母 A、B、C……顺序表示（不能用 O 和 I）。

表 2-10　结构型式代号

结构型式代号	1	2	3	4	5
有触点电压调节器	单连	双连	三连		
无触点电压调节器				晶体管	集成电路

例如：FT126C 表示 12 V 电磁振动式电压调节器，第 6 次设计，第 3 次变型；FDT125 表示 12 V 无触点的电子调节器，第 5 次设计。

技 能 训 练

电压调节器的使用与检测

【技能点】

★进一步了解调节器的结构

★电压调节器的检测方法

【技能训练准备】

1. 设备及工具准备　各种电压调节器若干、电压可调的直流稳压电源（0～30 V）四个、常用工具若干、导线等。

2. 学生实习准备　根据学生的人数，分成四组，确定每组的小组长。

【技能训练步骤】

一、电压调节器的使用

1. 调节器与发电机的电压等级必须一致，否则充电系不会正常工作。

2. 调节器与发电机的搭铁形式必须一致，当调节器与发电机的搭铁形式不匹配而又急于使用时，可通过改变发电机磁场绕组的搭铁形式及线路的连接来临时替代。

3. 调节器与发电机之间的线路连接必须正确。

4. 配用双级式电压调节器时，当检查充电系不充电故障时，在没有断开发电机与调节器接线之前，不允许将发电机的"B"与"F"（或调节器的"＋"与"F"）短接，否则将会烧坏调节器的高速触点。

5. 调节器必须受点火开关控制。因调节器控制磁场电流的大功率管在发电机输出电压较低时就始终导通，如果不受点火开关控制，当车停驶时，大功率管一直导通，将缩短调节器使用寿命，而且还会导致蓄电池亏电。

二、电压调节器的检测

1. 电子调节器的检查　用一个电压可调的直流稳压电源（0～30 V，3 A）和一只 12 V（或 24 V）、20 W 的车用小灯泡代替发电机磁场绕组，按图 2-42 所示方法接线后进行试验。

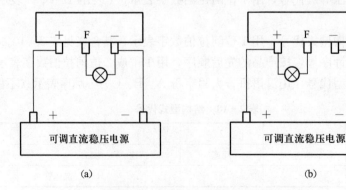

图 2-42　晶体管式电压调节器的测试

（a）内搭铁调节器的测试图　（b）外搭铁调节器的测试图

调节直流稳压电源，当其输出电压从零逐渐增高时，灯泡应逐渐变亮。当电压升高到调节电压（14 V±0.2 V 或 28 V±0.5 V）时，灯泡应突然熄灭。电压超过调节电压值，灯泡仍不熄灭或一直不亮，都说明调节器有故障。

2. 集成电路调节器的检查　首先拆下整体式发电机上所有连接导线，在蓄电池和发电机"L"接线柱之间串联一只 5 A 电流表（可用 12 V、20 W 或 24 V、25 W 车用灯泡代替），再将可调直流稳压电源的"＋"端接发电机的"S"接线柱，"－"端与发电机外壳或"E"相接，如图 2-43 所示。调节直流稳压电源，使电压缓慢升高，直至电流表读数为零或测试灯泡熄灭，该电压值就是调节器的调节电压值。如该值符合规定，则说明调节器正常。否则，说明调节器有故障，应予以更换。

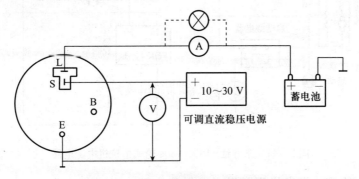

图 2-43　集成电路式调节器的测试

任务 4　电源系统的故障诊断

引　入

拖拉机或联合收割机，当接通点火开关时，充电指示灯点亮，当发动机正常运转后，若充电指示灯仍不熄灭（或电流表指示放电），说明电源系统有故障，为什么？

理论知识

一、电源系统电路分析

（一）东方红-1604/1804 轮式拖拉机电源电路

它由 JF2322Y 型硅整流发电机和两个 6-QW-120T 蓄电池组成，即由电源指示灯来显示蓄电池充电、放电状况，电路如图 2-44 所示。

当点火开关拨至 Ⅱ 挡，发动机未启动，充电指示灯亮，显示发电机不发电。发电机励磁电路为：蓄电池（＋）→电源总开关→F10(20 A) 保险→点火开关（＋）→点火开关（D）→充电指示灯→调节器（＋）→调节器（－）→蓄电池（－）

　　　　　　　└→发电机磁场绕组(F₂)→发电机磁场绕组(F₁) → 调节器(F) →调节器（－）→蓄电池（－）。

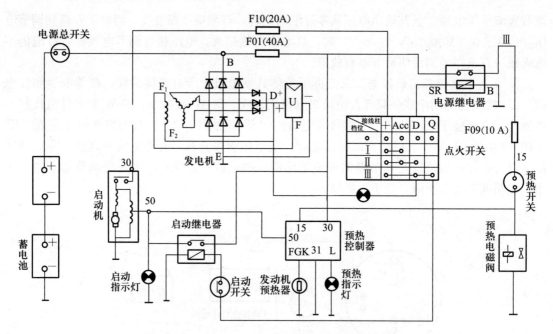

图 2-44　东方红-1604/1804 轮式拖拉机电源电路

当发电机运转后，发电机正常发电，励磁电流由发电机自身提供，进入自励状态，同时由于 D^+ 电位升高后，充电指示灯的两端电位比较接近，此时充电指示灯熄灭。其电路为：发电机（B）→F01（40 A）保险→点火开关（+）→点火开关（D）→充电指示灯→调节器（+）→调节器（-）→发电机（E）。

└─►发电机磁场绕组（F_2）→发电机磁场绕组（F_1）→调节器（-）→发电机（E）。

多余电也给蓄电池充电，其充电电路为：发电机（B）→电源总开关→蓄电池（+）→蓄电池（-）→蓄电池（+）→蓄电池（-）→发电机（E）。

（二）迪尔佳联 C230 联合收割机电源电路

它由硅整流发电机和 6-Q-195 蓄电池组成，既有电流表也有电源指示灯来显示蓄电池充电、放电状况，电路如图 2-45 所示。

当点火开关拨至行车挡，发动机未启动，充电指示灯亮，显示发电机不发电。发电机励磁电路为：蓄电池（+）→启动机（30）→A9 保险→电流表（+）→电流表（-）→点火开关（1）→点火开关（2）→A3 保险→充电指示灯→调节器（+）→调节器（-）→蓄电池（-）。

└─►发电机磁场绕组→调节器（F）→调节器（-）→蓄电池（-）。

当发电机运转后，发电机正常发电，励磁电流由发电机自身提供，进入自励状态，同时由于 D^+ 电位升高后，充电指示灯的两端电位比较接近，此时充电指示灯熄灭；其电路为：发电机（B）→点火开关（1）→点火开关（2）→充电指示灯→调节器（+）→调节器（-）→发电机（E）。

└─►发电机磁场绕组→调节器（F）→调节器（-）→发电机（E）。

多余电也给蓄电池充电，其充电电路为：发电机（B）→电流表（+）→电流表（-）→A9 保险→启动机（30）→蓄电池（+）→蓄电池（-）→发电机（E）。

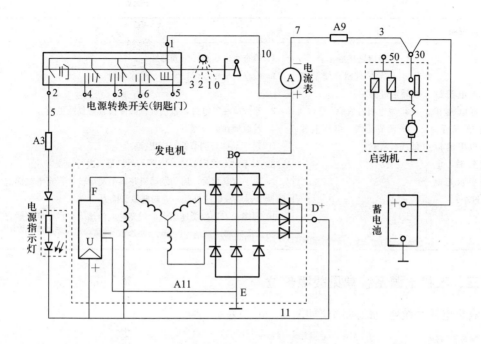

图 2-45　迪尔佳联 C230 联合收割机电源电路

二、电源系统故障诊断与排除

电源系统常见故障诊断方法见表 2-11。

表 2-11　电源系统常见故障诊断方法

故障现象	故障原因	排 除 方 法
不充电（发动机中高速运转，充电指示灯不熄灭）	1. 发电机传动带太松或粘油打滑	1. 检查发电机皮带松紧度，清除油垢
	2. 充电线路断路	2. 检查充电系导线是否松脱，熔断器是否烧断
	3. 发电机有故障	3. 若发电机有故障可用万用表测量各接线柱之间的电阻值，粗略判断故障所在。测量前，拆下发电机各接线柱上的导线，将万用表置于 R×1 挡测量各接线柱间的电阻值，其阻值应符合规定，若不符合规定，应对发电机进行拆检
	4. 调节器有故障	4. 若调节器有故障： ① 对于晶体管调节器，应更换 ② 对于触点式调节器： a. 检查低速触点有无烧蚀或脏物，若有，应用砂纸或砂布条研磨或清洁 b. 检查高速触点能否分离，若不能分离应修复
充电电流过大（在蓄电池不亏电的情况下，充电电流仍在 10 A 以上）	1. 调节器调节电压值高或其他故障	1. 对于装有晶体管调节器的充电系统，应检查发电机与调节器是否匹配，如果无匹配问题，则应更换调节器；对于装有触点式调节器的充电系统，应进行弹簧弹力及衔铁间隙的调整，使之符合要求
	2. 发电机有故障	2. 修复或更换发电机

（续）

故障现象	故障原因	排 除 方 法
充电电流过小（蓄电池在亏电情况下，发动机中速以上运转时，电流表指示充电电流过小）	1. 充电线路接触不良 2. 传动带打滑，使发电机转速过低 3. 发电机有故障 4. 调节器调节电压值过低或有故障	1. 检查充电线路，紧固导线 2. 检查发电机皮带松紧度，清除油垢 3. 若故障在发电机，直接进行解体检查修复或更换 4. 若故障在调节器： ① 对于晶体管调节器，应更换； ② 对于触点式调节器，应拆下调节器盖进行检查 　a. 用手拉紧弹簧，启动发动机并以中速运转，若充电电流过大，说明调节器限额电压过低，应调整弹簧接力 　b. 用螺丝刀连接低速触点，若充电电流增大，说明低速触点烧蚀或脏污，应研磨或清洁

三、农机电源系统常见故障部位

农机电源系统常见故障部位如图 2-46 所示。

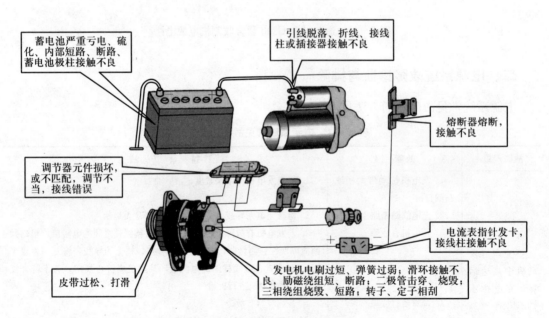

图 2-46　农机电源系统常见故障部位

技能训练

电源系统的电路连线与故障分析

【技能点】

★进一步了解电源系统的结构

★认识电源系统在实车上的布置

★在实训台上进行线路的连接以及线束查找

★掌握电源系统简单故障的判断方法

【技能训练准备】

1. 设备及工具准备　拖拉机实物两台、联合收割机实物两台、数字万用表若干、常用工具若干等。

2. 学生实习准备　根据学生的人数，分成四组，确定每组的小组长。

【技能训练步骤】

一、电源电路的接线

学生在教师的指导下进行实训台上电源电路连线操作，通过此项实训，使学生学会连接或拆卸线路的方法；掌握电源电路的特点、充放电原理以及各组成部件的结构原理；能正确分析与排除电源电路的故障。

要求电源电路连接完后，打开点火开关后，各通电电路应正常通电工作，否则为有故障，应仔细查找，予以排除。

二、在线束上查找电源电路

在教师的指导下，按电源电路的原理，根据电路的走向进行查线束，使学生进一步掌握接线原则与特点，并重点学会查找：

1. 蓄电池向外供电时，电源电路中的通电电路。

2. 发电机做主电源时，电源电路中的通电电路及充电电路。

三、电源系统故障判断与排除

电源系统常见故障有不充电、充电电流过小、充电电流过大、充电不稳等故障，见表 2 - 11。

发电机内部常见故障、调节器故障，如图 2 - 46 所示。

若发电机电压调节器的设定电压值调整不当，将会引起充电系统故障。偏低使蓄电池经常处于充电不足状态，偏高使充电电流过大，导致蓄电池极板上的活性物质脱落。

充电系统各连接线路有断路或短路处，以及蓄电池、电流表、充电指示灯、点火开关等有故障。诊断充电系统故障时，应综合考虑整个系统各部分之间的关系，仔细阅读说明书和线路图，按照一定的检查步骤逐步缩小范围，最后找出故障所在。当出现由于蓄电池电量不足而导致的车不能启动故障时，可借助其他车辆的蓄电池进行跨接启动，如图 2 - 47 所示。

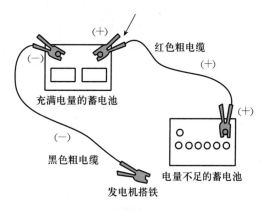

图 2 - 47　蓄电池跨接启动示意图

课后测试

项目二　课后测试

启动系统的电路原理与维护

任务 1 启动机的使用与维护

引 入

某台拖拉机在接通点火开关启动挡时，听不到启动机转动的声音，发动机不能启动，判断是启动机的故障，如何检修？

理论知识

一、启动方式

发动机在以自身动力运转之前，必须借助外力旋转。发动机借助外力由静止状态过渡到能自行运转的过程，称为发动机的启动。发动机常用的启动方式有人力启动、辅助汽油机启动和电力启动三种形式。人力启动采用绳拉或手摇的方式，简单但不方便，而且劳动强度大，只适用于一些小功率的发动机，在一些拖拉机上仅作为后备方式保留着；辅助汽油机启动主要用在大功率的柴油发动机上；电力启动方式操作简便，启动迅速，具有重复启动能力，并且可以远距离控制，因此被现代拖拉机、联合收割机广泛采用。

二、启动系统组成

启动系统将储存在蓄电池内的电能变成机械能，要实现这种转换，必须使用启动机。启动机的作用是由直流电动机产生动力，经传动机构带动发动机曲轴转动，从而实现发动机的启动。启动系统包括蓄电池、总熔断丝、电流表、点火开关（启动开关）、启动机、启动继电器等，如图3-1所示。

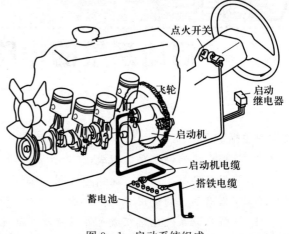

图3-1　启动系统组成

三、启动机分类

启动机的种类很多，但电动机部分一般没有大的差别，而传动机构和控制装置则差异较大。

1. 按传动机构齿轮啮合方式分

（1）强制啮合式启动机：这种启动机是靠人力或电磁力拉动拨叉，强制地使驱动齿轮啮入飞轮齿环。这种启动机结构简单、工作可靠、操作方便，所以被现代车广泛采用。

（2）电枢移动式启动机：这种启动机是靠电动机内部辅助磁极的电磁吸力，吸引电枢做轴向移动，使驱动齿轮啮入飞轮齿环，启动后，回位弹簧使电枢回位，于是驱动齿轮便与飞轮齿环脱开。这种启动机结构复杂，仅用于一些大功率柴油车上。

（3）惯性啮合式启动机：这种启动机启动时，其驱动齿轮是靠惯性力自动啮入飞轮齿环，启动后，驱动齿轮又靠惯性力自动与飞轮齿环脱开。由于这种启动机工作可靠性差，现代车已很少使用。

2. 按控制装置分

（1）直接操纵式启动机：即由驾驶员利用脚踩（或手拉）直接操纵机械式启动开关接通或切断启动主电路。

（2）电磁操纵式启动机：即由驾驶员借助于启动按钮（或点火开关）控制启动机电磁开关（或启动继电器），再由电磁开关产生的电磁力控制启动主电路的接通与断开。

四、主要部件

（一）直流串励式电动机

直流串励式电动机由磁极、电枢、换向器组成。

1. 磁极（定子）　磁极的作用是产生磁场，由铁芯和磁场绕组组成。

铁芯用螺钉固定在壳体的内壁上，其上套有磁场绕组。磁极的数目一般为四个（两对），励磁绕组的连接方法有两种，如图3-2所示。一种是四个相互串联，如图3-2（a）所示，另一种是两串两并，即先将两个串联后再并联，如图3-2（b）所示。

2. 电枢（转子）　电枢是产生电磁转矩的核心部件，主要由电枢轴、电枢铁芯、电枢绕

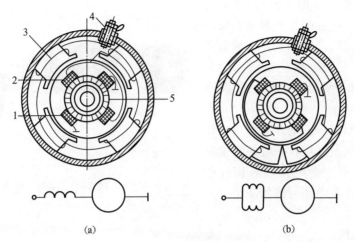

图 3-2 励磁绕组的连接方式

(a) 串联电路 (b) 先串联而后并联电路

1. 负电刷 2. 正电刷 3. 磁场绕组 4. 接线端子 5. 换向器

组和换向器组成，如图 3-3 所示。铁芯有许多相互绝缘的硅钢片叠装而成，其圆周表面上有槽，用来安放电枢绕组。

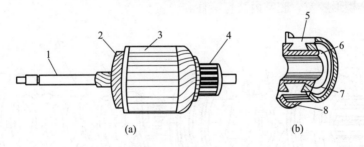

图 3-3 电枢的结构

(a) 电枢总成 (b) 换向器结构

1. 电枢轴 2. 电枢绕组 3. 电枢铁芯 4. 云母片 5. 换向片 6. 轴套 7. 压环 8. 焊线凸缘

3. 电刷与电刷架 电刷与电刷架的作用是将电流引入电动机，如图 3-4 所示。电刷装在电刷架中，借弹簧压力将它压紧在换向器上，电刷弹簧的压力一般为 11.7~14.7 N。

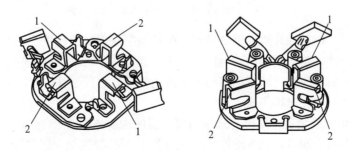

图 3-4 电刷与电刷架

1. 负电刷架 2. 正电刷架

4. 端盖、机壳 如图 3-5 所示，端盖分为前、后两个，后端盖一般用钢板压制而成，其上装有四个电刷架，前端盖用铸铁浇铸而成。它们分别装在机壳的两端，靠两个长螺栓与启动机壳紧固在一起。

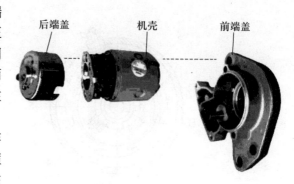

图 3-5　端盖、机壳

机壳用钢管制成，一端开有窗口，作为视察电刷和换向器之用，平时用防尘箍盖住。机壳上只有一个电流输入接线柱（与外壳绝缘），并在内部与磁场绕组的一端相接。

（二）传动机构

传动机构的作用是当启动发动机时，将电动机的驱动转矩传给发动机曲轴，当发动机启动后，切断电动机与发动机之间的动力联系。

传动机构有以下几种形式：

1. 滚柱式单向离合器 滚柱式单向离合器的构造和工作原理如图 3-6 与图 3-7 所示，驱动齿轮与外座圈制成一体，十字块与传动导管制成一体，当十字块与外座圈配合时，将外座圈分割成四个楔形腔室，腔室内装有滚柱和弹簧。

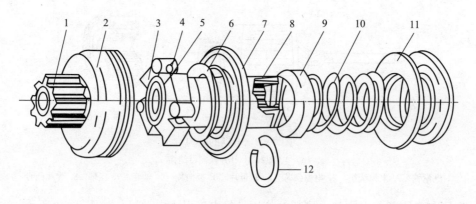

图 3-6　滚柱式单向离合器构造

1. 驱动齿轮　2. 外座圈　3. 十字块　4. 滚柱　5. 滚柱弹簧　6. 垫圈　7. 护盖　8. 传动导管
9. 弹簧座　10. 缓冲弹簧　11. 拨叉环　12. 卡簧

启动发动机时，传动导管随电枢轴旋转，带动十字块迫使滚柱位于腔室窄端，将十字块和外座圈卡紧成一体，迫使驱动齿轮与传动导管一起旋转，将电枢产生的电磁转矩传给驱动齿轮。发动机启动后，曲轴飞轮带动驱动齿轮高速旋转，迫使滚柱位于腔室宽端，将驱动齿轮和传动导管分离，防止电枢超速飞散。

2. 摩擦片式单向离合器 摩擦片式单向离合器的构造如图 3-8 所示。

主动盘上制有四个缺口，与主动摩擦片外缘的四个凸起嵌合，以带动主动摩擦片转动。被动盘外制有四条键槽，与被动摩擦片内缘的四个凸起嵌合。另外被动盘内制有左螺旋线槽，与驱动齿轮轴套一端的螺旋键相匹配。

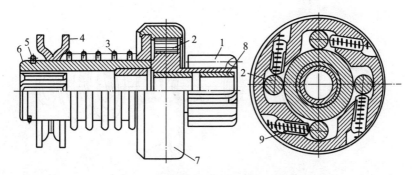

图 3-7　滚柱式单向离合器工作原理

1.驱动齿轮　2.滚柱　3.缓冲弹簧　4.拨叉环　5.卡簧　6.传动导管　7.单向离合器　8.铜衬套　9.滚柱弹簧

启动发动机时转矩传递过程：电枢轴→主动盘→主动摩擦片→被动摩擦片→被动盘→驱动齿轮轴套→驱动齿轮。发动机启动后，飞轮带动驱动齿轮高速旋转，其转速超过了电枢转速，此时由于被动盘的惯性作用，使被动盘在驱动齿轮轴套的螺旋槽上向放松摩擦片的方向移动，从而打滑，防止超速旋转。

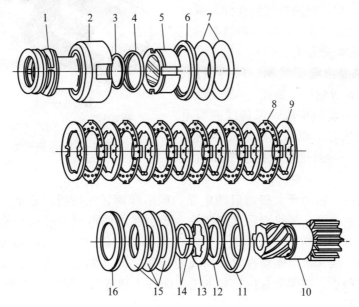

图 3-8　摩擦片式单向离合器

1.拨叉环　2.主动盘　3.卡簧　4.锁圈　5.被动盘　6.压盘　7.调整垫片　8.主动摩擦片　9.被动摩擦片　10.驱动齿轮轴套　11.后端盖　12.挡圈　13.锥面盘　14.半圆卡环　15.保险弹簧性垫圈　16.承推环

3. 弹簧式单向离合器　弹簧式单向离合器的构造如图 3-9 所示。

驱动齿轮与传动导管靠两个月牙形键对接，使二者只能做相对转动而不能做轴向移动。离合器的两端各有 1/4 圈，其内径比传动导管和驱动齿轮尾端的外径小，分别箍紧传动导管和驱动齿轮。

启动发动机时，离合器弹簧直径缩小，将驱动齿轮和传动导管抱紧成一体。电枢产生的转矩经传动导管、离合器弹簧传给驱动齿轮，从而带动飞轮旋转。发动机启动后，离合器弹簧扭力放松，使弹簧直径变大，驱动齿轮和传动导管之间产生相对滑动，防止电枢超速

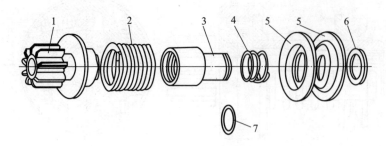

图 3-9　弹簧式单向离合器

1.驱动齿轮　2.离合器弹簧　3.传动导管　4.缓冲弹簧　5.拨叉环　6.锁环挡圈　7.锁环

旋转。

（三）控制装置

控制装置的作用：控制电启动机电路的通断；控制驱动齿轮与飞轮齿圈的啮合与分离。按工作方式不同，启动机的控制装置分为机械操纵式和电磁控制式两类。目前应用最多的是电磁控制式（俗称电磁开关）。

电磁开关主要由吸引线圈、保持线圈、活动铁芯、接触盘等组成，如图 3-10 所示。其中吸引线圈与电动机串联，保持线圈与电动机并联。活动铁芯一端通过接触盘控制主电路的导通；另一端通过拨叉控制驱动齿轮的啮合。

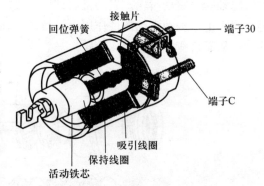

图 3-10　电磁开关结构图

启动发动机时，启动开关接通启动电路，吸引线圈、保持线圈通电，保持线圈的电流经启动机接线柱进入，经线圈后直接搭铁；吸引线圈的电流也经启动机接线柱进入电动机，经电动机后再搭铁，两线圈通电后产生较强的电磁力，克服弹簧弹力使活动铁芯移动，一方面通过拨叉带动驱动齿轮移向飞轮齿圈并与之啮合，另一方面推动接触盘移向两个主接线柱触点，在驱动盘齿轮与飞轮齿圈进入啮合后，接触盘将两个主触点接通，使电动机通电运转。

通过控制启动电磁开关及杠杆机构（或其他某种装置），来实现启动机传动机构与飞轮齿圈的啮合与分离，并接通和断开电动机与蓄电池之间的电路。

电磁开关按开关与铁芯的结构形式分为整体式和分离式两种，如图 3-11 所示。开关接触盘组件与活动铁芯固定连接在一起的称为整体式电磁开关，接触盘组件与移动铁芯不固定在一起的称为分离式开关。

五、直流串励式电动机的工作原理

1. 电磁转矩的产生　直流电动机是将电能转变为电磁力矩的装置，它是根据带电导体在磁场中受到电磁力作用的这一原理为制成的。其工作原理如图 3-12 所示。

电动机工作时，电流通过电刷和换向片流入电枢绕组。如图 3-12(a)所示，换向后

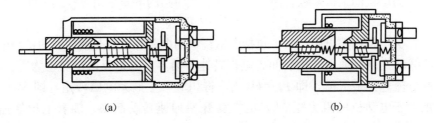

图 3-11 电磁开关的形式

(a) 整体式 (b) 分离式

A 与正电刷接触，换向片 B 与负电刷接触，绕组中的电流从 $a{\rightarrow}d$，根据左手定则判定，绕组匝边 ab、cd 均受到电磁力 F 的作用，由此产生逆时针方向的电磁转矩 M 使电枢转动；当电枢转动至换向片 A 与负电刷接触，换向片 B 与正电刷接触时，电流改从 $d{\rightarrow}a$，如图 3-12(b) 所示，但电磁转矩 M 的方向仍保持不变，使电枢按逆时针方向继续转动。

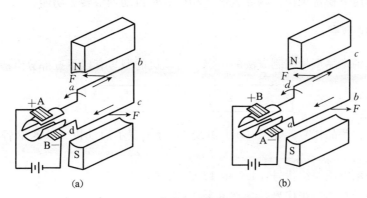

图 3-12 直流电动机的工作原理

由此可见，直流电动机的换向器可将电源提供的直流电转换成电枢绕组所需的交流电，以保证电枢所产生的电磁力矩的方向保持不变，使其产生定向转动。但实际的直流电动机为了产生足够大且转速稳定的电磁力矩，其电枢上绕有很多组线圈，换向器的铜片也随其相应增加。

根据安培定律，可以推导出直流电动机通电后所产生的电磁转矩 M 与磁极的磁通量 Φ 及电枢电流 I_s 之间的关系：

$$M=C_m\Phi I_s$$

式中，C_m 为电动机的结构常数，它与电动机磁极对数 P、电枢绕组导线总根数 Z 及电枢绕组电路的支路对数 α 有关，即 $C_m=PZ/2\pi\alpha$。

2. 直流电动机转矩自动调节原理 根据上述原理分析，电枢在电磁力矩 M 作用下产生转动，由于绕组在转动同时切割磁力线而产生感应电动势，并根据右手定则判定其方向与电枢电流 I_s 的方向相反，故称反电动势 E_f。反电动势 E_f 与磁极的磁通量 Φ 和电枢的转速 n 成正比，即

$$E_f=C_e\Phi n$$

式中，C_e 为电机的结构常数。由此可推出电枢回路的电压平衡方程式，即

$$U = E_f + I_s R_s$$

式中，R_s 为电枢回路电阻，其中包括电枢绕组的电阻和电刷与换向器的接触电阻。

在直流电动机刚接通电源的瞬间，电枢转速 n 为零，电枢反电动势也为零，此时，电枢绕组中的电流达到最大值，即 $I_{sm} = U/R_s$，将相应产生最大电磁转矩，即 M_{max}，若此时的电磁转矩大于电动机的阻力矩 M_z，电枢就开始加速转动起来。随着电枢转速的上升，E_f 增大，I_s 下降，电磁转矩 M 也就随之下降。当 M 下降至与 M_z 相平衡（$M=M_z$）时，电枢就以此转速稳速运转。如果直流电动机在工作过程中负载增大，就会出现如下的变化：

$M < M_z \rightarrow n\downarrow \rightarrow E_f\downarrow \rightarrow I_s\uparrow \rightarrow M\uparrow \rightarrow M = M_z$，达到新的稳定；

或直流电动机的工作负载减小，则出现如下的变化：

$M > M_z \rightarrow n\uparrow \rightarrow E_f\uparrow \rightarrow I_s\downarrow \rightarrow M\downarrow \rightarrow M = M_z$，达到新的稳定。

可见，当负载变化时，电动机能通过转速、电流和转矩的自动变化来满足负载的需要，使之能在新的转速下稳定工作。因此直流电动机具有自动调节转矩功能。

六、启动机型号

根据电气设备产品型号编制方法的规定，启动机的型号有以下五部分组成：

1	2	3	4	5

第一部分表示产品代号：QD、QDJ 和 QDY 分别表示启动机、减速型启动机和永磁型启动机。

第二部分表示电压等级代号：1 表示 12 V、2 表示 24 V。

第三部分表示功率等级代号：含义见表 3-1。

第四部分表示设计序号：按产品设计先后顺序，以 1～2 位阿拉伯数字组成。

第五部分表示变型代号：以汉语拼音大写字母 A、B、C……顺序表示。

表 3-1　功率等级代号

功率等级代号	1	2	3	4	5	6	7	8	9
功率/kW	～1	>1～2	>2～3	>3～4	>4～5	>5～6	>6～7	>7～8	>8～9

例如：QD124 表示额定电压为 12 V，功率为 1～2 kW，第四次设计的启动机。

技能训练

启动机的使用与维护

【技能点】

★进一步了解启动机的结构

★掌握启动机检测的方法

★掌握启动机的保养操作方法

【技能训练准备】

1. 设备及工具准备　启动机若干、数字万用表若干、常用工具若干等。

2. 学生实习准备　根据学生的人数，分成四组，确定每组的小组长。

【技能训练步骤】

一、启动机的正确使用与维护

（一）启动机的正确使用

为了延长启动机的使用寿命，并保证能迅速、可靠、安全地工作，使用启动机必须注意以下几点：

1. 启动机是按短时间大电流工作设计的，因此，使用启动机时，每次工作时间不得超过 5 s，重复启动时必须间隔 15 s 以上。

2. 在低温下启动发动机时，应先预热发动机后再启动。

3. 启动机电路的导线连接要牢固，导线的截面积不应太小。

4. 使用不具备自动保护功能的启动机时，应在发动机启动后迅速断开启动开关。在发动机正常运转时，切勿随便接通启动开关。

5. 应尽可能使蓄电池处于充足电的状态，保证启动机正常工作时的电压和容量，减少启动机重复工作的时间。

6. 应定期对启动机进行全面的保养和检修。

（二）启动机的使用注意事项

1. 启动前应将变速器挂上空挡，启动同时踩下离合器踏板。

2. 当发动机启动后应立刻松开点火开关，切断 ST 挡，使启动机停止工作。

3. 经过三次启动，发动机仍没有启动着火，则停止启动，应排除故障后，再启动。

（三）启动机的维修注意事项

1. 在车上进行启动检测之前，一定要将变速器挂上空挡，并实施驻车制动。

2. 在拆卸启动机之前，应先拆下蓄电池的搭铁电缆线。

3. 有些启动机在启动机与法兰盘之间使用了多块薄垫片，在装配时应按原样装回。

二、启动机的拆装

（一）启动机的分解

启动机解体前应清洁外部的油污和灰尘，然后按下列步骤进行解体：

1. 旋出防尘盖固定螺钉，取下防尘盖，用专用钢丝钩取出电刷，拆下电枢轴上止推圈处的卡簧，如图 3-13 所示。

2. 用扳手旋出两紧固穿心螺栓，取下前端盖，抽出电枢，如图 3-14 所示。

3. 拆下电磁开关主接线柱与电动机接线柱间的导电片，旋出后端盖上的电磁开

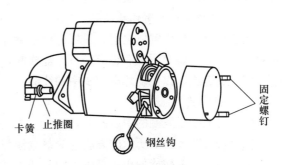

图 3-13　拆卸电刷

（图中标注：卡簧　止推圈　钢丝钩　固定螺钉）

关紧固螺钉，使电磁开关后端盖与中间壳体分离，如图 3-15 所示。

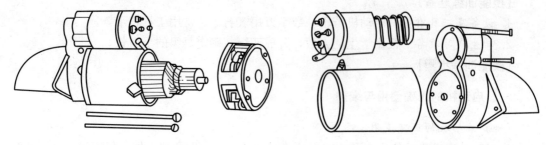

图 3-14　拆卸前端盖和电枢　　　　　　图 3-15　拆卸电磁开关

4. 从后端盖上旋下中间支撑板紧固螺钉，取下中间支撑板，旋出拨叉轴销螺钉，抽出拨叉，取出离合器，如图 3-16 所示。

5. 将已解体的机械部分浸入清洗液中清洗，电器部分用棉纱蘸少量汽油擦拭干净。有必要时，可分解电磁开关，其步骤是：

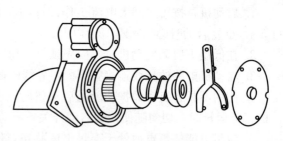

图 3-16　拆下离合器

（1）拆下电磁开关前端固定螺钉，取下前端盖；

（2）取下触盘锁片、触盘、弹簧，抽出引铁；

（3）取下固定铁芯卡簧及固定铁芯，抽出铜套及吸引线圈和保持线圈。

（二）启动机的装复

启动机的形式不同，具体装复的步骤不可能完全相同，但基本原则是按分解时的相反步骤进行。装复的一般步骤：先将离合器和移动叉装入后端盖内，再装中间轴承支撑板，将电枢轴装入后端盖内，装上电动机外壳和前端盖，并用长螺栓结合紧，然后装电刷和防尘罩，装启动机开关可早可晚。

三、启动机检测

启动机的检测分为解体检测和不解体检测两种，解体测试随解体过程一同进行。不解体测试可以在拆卸之前或装复以后进行。

（一）启动机的不解体检测

在进行启动机的解体之前，最好进行不解体检测，通过不解体的性能检测大致可以找出故障。启动机组装完毕之后也应进行性能检测，以保证启动机正常运行。在进行以下的检测时，应尽快完成，以免烧坏电动机中的线圈。

1. 吸引线圈性能测试

（1）先把励磁线圈的引线断开；

（2）按着图 3-17 所示的方法连接蓄电池与电磁启动开关。

注：驱动齿轮应能伸出，否则表明其功能不正常。

2. 保持线圈性能测试　接线方法如图 3-18 所示，在驱动齿轮移出之后从端子 C 上拆下导线。

注：驱动齿轮仍能保留在伸出位置，否则表明保持线圈损坏或接地不正确。

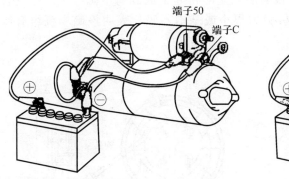

图 3-17　电磁开关吸引线圈功能试验　　　图 3-18　电磁线圈和保持线圈功能试验

3. **驱动齿轮回位测试**　如图 3-19 所示，拆下蓄电池负极接外壳的接线夹后，驱动齿轮能迅速返回原始位置即为正常。

4. **驱动齿轮间隙的检查**　按着图 3-20 所示连接蓄电池和电磁开关，按照图 3-21 所示进行驱动齿轮间隙的测量。

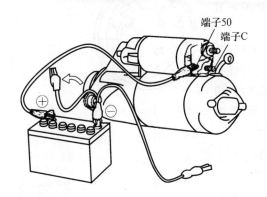

图 3-19　驱动齿轮回位试验

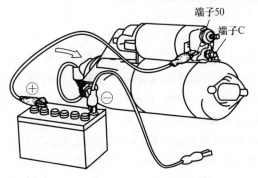

图 3-20　驱动齿轮间隙检查时的接线

注：测量时先把驱动齿轮推向电枢方向，消除间隙后测驱动齿轮端和止动套圈间的间隙，并和标准值进行比较。

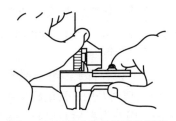

图 3-21　驱动齿轮间隙的测量

（二）启动机解体后检测

1. **检查直流电动机**

（1）磁场绕组的检修：

① 磁场绕组断路检查。磁场绕组断路，一般多是由于绕组引出线头脱焊或假焊所致，可用万用表电阻挡检查，或用一只 12 V（24 V）试灯与磁场绕组串联后接到 12 V（24 V）的直流电源上，通过观察试灯的亮度来检查，若试灯不亮，则表明该磁场绕组断路。

② 磁场绕组匝间短路的检查。磁场绕组匝间短路多由其匝间绝缘不良引起，而匝间绝缘不良往往由于绕组外部的包扎层烧焦、脆化等原因造成。若其外部完好无法判断其

内部是否短路时，可按图 3-22 所示，将磁场绕组套于铁棒上，然后放入电枢感应仪中，使感应仪通电 3～5 min，如该绕组发热即表明有匝间短路故障。也可按图 3-23 所示，即用蓄电池一个单格的直流电检查，电路接通后，立即将起子放到每个磁极上，检查各磁极对起子的吸力量是否相同，若某一磁极吸力很小或基本不吸，表明该磁场绕组有匝间短路。

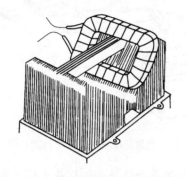

图 3-22　用电枢感应仪检查磁场绕组
有无匝间短路故障

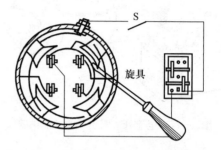

图 3-23　用蓄电池单格直流电检查磁场绕组
有无匝间短路故障

③ 磁场绕组搭铁的检查。磁场绕组搭铁的检查实际上是检查启动机磁场绕组与定子外壳的绝缘状况，其检查方法有以下两种：

A. 用交流试灯检查：按图 3-24 所示电路接线：即使用一只 220 V 交流试灯，将其一端与启动机接线柱相接，另一端接交流电源，交流电源的另一端接启动机外壳。若磁场绕组与外壳的绝缘状况良好，即无搭铁故障时，此试灯不亮；否则，表明该磁场绕组搭铁。

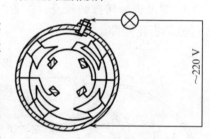

图 3-24　用交流试灯检查激磁绕组

B. 万用表电阻挡检查：使用万用表电阻挡检查启动机磁场绕组有无搭铁故障的方法如图 3-25 所示。

若将万用表置于 $R \times 10k$ 挡，两测试棒分别接磁场绕组一端和定子外壳，$R \to \infty$，说明该绕组无搭铁故障；若将万用表置于 $R \times 1k$ 挡，两测试棒分别接磁场绕组一端和某一非搭铁电刷，其阻值应为零，否则说明磁场绕组断路。

(2) 检查转子（电枢部分）：

① 使用万用表对电枢绕组搭铁的检查。如图 3-26所示。用万用表检查电枢搭铁时，应将万用表一端接电枢轴，另一端依次和各整流片接触，如万用表无指示，则说明电枢绕组无搭铁故障；如电压表有指示，

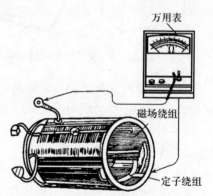

图 3-25　用万用表检查磁场绕组的
绝缘状况

则说明有搭铁故障，同时，越靠近搭铁的整流片，万用表的指示越小。故当万用表读数为零时，说明该整流片所连接的是导线搭铁。

② 使用万用表对电枢绕组断路的检查。用万用表的直流电压挡（2.5 V）测量每相邻两

整流片间的电压，如电枢绕组没有故障，则每相邻两整流片间的电压应相同；如电枢绕组中有一处断路，则同侧（以电刷为准）的所有各相邻整流片之间的电压均等于零，而断路的那对整流片上的电压最大，如图3-27(a)所示；当有几处断路时，必须将电压表的一端接正电刷，另一端从负电刷依次与各整流片接触，如图3-27(b)所示，当移到断线绕组的整流片上时，电压表上无读数，此时应将所发现的断路连上，然后再继续寻找其他的断头。

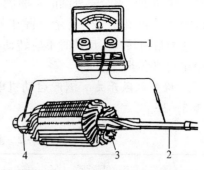

图3-26 电枢绕组搭铁故障确定
1. 万用表 2. 转子轴 3. 电枢绕组 4. 换向器

③ 使用短路测试仪对电枢绕组短路的检查。将电枢放在电枢感应仪的"V"形槽上，如图3-28所示。接通电源，用一薄钢片放在电枢铁芯上方的线槽上，同时转动电枢，在每槽上依次试验，若钢片在某一槽上发生振动，则表示该槽内线圈有短路。这是因为当线圈发生短路后，短路的线匝形成闭合回路，在感应仪交变磁场的作用下，产生交变电流，该交变电流又产生一局部的交变磁场，钢片就会在交变磁场的吸引下而振动。如在清除整流片间的脏物后，钢片仍跳动，表明线圈匝间短路。

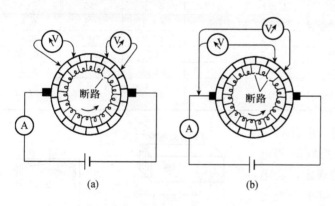

图3-27 电枢绕组断路的检查
(a) 一处断路 (b) 二处断路

图3-28 用电枢感应仪检查电枢的短路故障

当电枢组为叠线时，一个线圈匝间短路，会在两个线槽（相距一个线圈的节距）上出现钢片振动现象；电枢绕组为波绕时，一个线圈匝间短路，会在四个线槽中出现钢片振动现象；如果钢片在所有的槽上振动，则说明是某槽内面线与底线上、下层间发生了短路。

(3) 电刷组件的检查：电刷的高度应不低于新电刷高度的2/3（国产启动机新电刷高度为14 mm），电刷与换向器的接触面积应在75%以上，电刷在电刷架内应活动自如无卡滞现象。

用万用表检查绝缘电刷架的绝缘情况，若电刷架搭铁，则应更换绝缘垫后重新铆合。

检查电刷弹簧的压力，一般为11.7～14.7 N。若压力不够，可逆着弹簧的螺旋方向搬动弹簧来增加弹力，如仍无效，则应更换新品。

2. 检查传动机构（单向离合器） 将单向离合器及驱动齿轮总成装到电枢轴上，握住电枢，当转动单向离合器外圈时，驱动齿轮总成应能沿电枢自由滑动。如图3-29所示，握住外座圈，转动驱动齿轮，应能自由转动，反转时不应转动，否则就有故障，应更换单向离合器。

不能转动

转动自由

图3-29 单向离合器的检修

3. **检查电磁开关** 国产启动机电磁开关的有关参数见表3-2。

表3-2 国产启动机电磁开关的有关参数

启动机型号	电磁开关型号	保持线圈			吸引线圈		
		线径/mm	匝数	20℃电阻/Ω	线径/mm	匝数	20℃电阻/Ω
ST614	PC604	φ0.93	230±5	0.6	φ0.93	230±5	0.8
2Q2B	PC 60	φ0.80	160±5	0.57	φ1.35	160±5	0.275
ST811	PC 811	φ0.71	230±5	1.13	φ0.9	230±5	0.53
ST111	PC 110	φ0.55	390±5	5	φ1.12	390±5	0.94
ST710	PC 20	φ0.93	350±5	1.2~1.3	φ2.12	140	0.14~0.15
ST711	PC 21	φ0.93	350±5	1.2~1.3	φ2.12	140	0.14~0.15
321	384	φ0.83	245±3	0.97	φ0.9	235	0.6
DQ124F	384A	φ0.83	245±3	0.97±0.1	φ0.9	235	0.6±0.05
372A	384C	φ0.83	245±3	0.97	φ0.9	235	0.6
QD50	DK 50	φ0.8	250±3	1.3	φ1.2	250±3	0.45
QD273	DK 50	φ0.8	250±3	1.3	φ1.2	2503	0.45
QD26	DK 26	φ0.8	160±3	1.3	φ2	82+2	0.083
AQD27ET	DK 27	φ0.95	220±3	1.0	φ1.56	200+5	0.28
340 340 A	388	φ0.95	330	1.98	φ1.0	320	0.69

(1) 电磁开关线圈的检查：用万用表$R×1$挡测量电磁开关的吸引线圈和保持线圈的电阻，其电阻值应符合表3-2中的规定。若电阻$R→∞$，说明线圈断路；若电阻小于规定值，表明线圈有匝间短路故障。线圈断路或短路严重时应予重新绕制。

(2) 电磁开关工作能力的检查：

① 电磁开关吸合和释放电压的检查。检查时应按图3-30所示的电路接线。先将开关接通，逐渐调高电压，当万用表（电阻挡）指示阻值为零时，电压表V的指示值为开关的吸合电压；然后再逐渐调低电压，当万用表指示电阻为∞时，电压表的指示值则为开关的释放电压。其吸合电压不应大于额定电压的75%，释放电压不应大于额定电压的40%。

② 电磁开关断电能力的检查。当启动机驱动齿轮静止，并处于啮合位置时，将电磁开

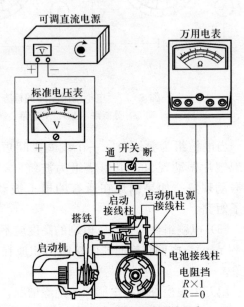

可调直流电源

万用电表

标准电压表

通 开关 断

启动机接线柱

启动机电源接线柱

搭铁

启动机

电池接线柱

电阻挡
$R×1$
$R=0$

图3-30 启动机电磁开关吸合
及释放电压的检查

关的电源切断。此时，电磁开关的主触点应能迅速、可靠地断开。

经上述检查，若其工作能力差或不符合要求，应予修理或更换。

任务2　启动系统的电路故障诊断

引　入

为什么转动拖拉机（联合收割机）点火开关（钥匙），车就会启动？

理论知识

一、启动系统电路分析

1. 东方红-1604/1804 轮式拖拉机启动电路　它由 QD263 型启动机、启动开关和启动继电器组成。启动电路如图 2-44 所示。

当点火开关拨至Ⅲ挡，启动系统工作电路为：蓄电池（＋）→电源总开关→F10(20 A)保险→点火开关（＋）→点火开关（Q）→启动开关→启动继电器→搭铁→蓄电池（－）。启动继电器线圈通过电流，使启动继电器触点吸合。启动继电器触点吸合后，接通电启动机电磁开关的控制电路，电流由蓄电池（＋）→电源总开关→F01(40 A) 保险→启动继电器闭合触点（50）→保持线圈→搭铁→蓄电池（－）。

　└→吸引线圈→电动机磁极线圈→电动机电枢→搭铁→蓄电池(－)。

启动机的电磁开关开始工作，拉动拨叉使启动机小齿轮与飞轮齿圈啮合后，启动机主电路接通，电流路径为：蓄电池（＋）→电源开关→启动机（30）→电磁开关定触点→电磁开关动触点→电动机磁极线圈→电启动机的电枢→搭铁→蓄电池（－）。

启动机有力地带动发动机曲轴旋转，发动机启动后把启动开关拨回"关闭"位置，切断启动控制电路，启动继电器触点分离，切断电磁开关的控制电路，电磁开关铁芯复位切断主电路，电启动机停止工作。

2. 迪尔佳联 C230 联合收割机启动电路　它由启动机、启动开关和启动继电器组成，启动机电压为 12 V，功率为 3 kW。由于启动开关触点比较小，为了避免触点在大电流下烧坏，所以在启动电路安装有启动继电器，对启动开关进行保护。启动电路如图 3-31 所示。

启动机启动过程如下：

① 将钥匙开关插到底；

② 气温低于 5 ℃时可使用预热装置，即先预热后启动。启动时先将启动开关拨到"Ⅱ"位置（预热位置）、接通预热电路，预热 15～20 s。然后，将启动开关拨到"Ⅲ"位置（启动位置），接通启动控制电路，发动机一开始工作，便把启动开关拨回到"Ⅱ"位置，直到发动机顺利启动后再拨回到"Ⅰ"位置；

③ 若不需预热，可直接把启动开关拨到"Ⅲ"位置（启动位置）。电流路径如下：

启动电路为：蓄电池（＋）→启动机（30）→A9 保险→电流表（－）→电流表（＋）→电源转换开关（钥匙门）1→电源转换开关（钥匙门）2→A15 保险→启动预热开关 15→启动

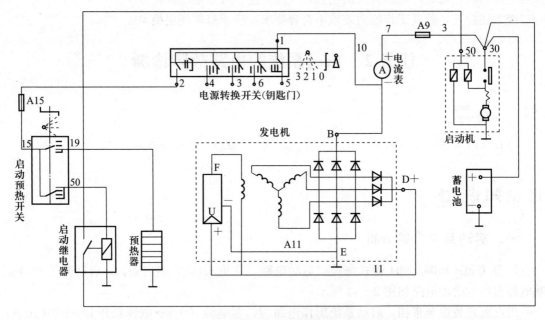

图 3 - 31　迪尔佳联 C230 联合收割机启动电路

预热开关 50→启动继电器线圈→搭铁→蓄电池（－）。启动继电器触点吸合后，接通电启动机电磁开关的控制电路。电流由蓄电池（＋）→启动机 30→启动继电器闭合触点→启动机 50→电磁开关，到这里分为以下两条电路：一路经电磁开关的保持线圈后搭铁，另一路经电磁开关的吸引线圈→启动机磁极线圈→电动机电枢→搭铁。电磁开关开始工作，拉动拨叉使电动机齿轮与飞轮环齿啮合后，主电路接通。电流路径为：蓄电池（＋）→启动机接 30→电磁开关触点→电动机磁极线圈→电枢→搭铁。

二、启动系统故障诊断与排除

启动系统常见故障诊断方法见表 3 - 3。

表 3 - 3　启动系统常见故障诊断方法

故障现象	故 障 原 因	排除方法
接通启动开关，启动机不转	1. 蓄电池严重亏电 2. 线路故障：导线断路、接触不良或连接错误 3. 点火开关或启动继电器有故障 4. 启动机控制装置故障：电磁开关线圈断路、短路和搭铁，电磁开关触点烧蚀引起接触不良 5. 启动机内部故障：电枢轴弯曲或轴承过紧，换向器脏污或烧坏，电刷磨损过短、弹簧过软、电刷在弹簧架内卡住与换向器不能接触，电枢绕组或励磁绕组断路、短路或搭铁	1. 蓄电池充电 2. 检查线路，重新连接 3. 修复或更换 4. 修复或更换启动机控制开关 5. 修复或更换启动机
接通启动开关，启动机空转	1. 飞轮齿圈磨损过快或损坏 2. 单向离合器失效打滑 3. 电磁开关铁芯行程太短 4. 拨叉连接处脱开	1. 更换 2. 修复或更换 3. 修复或更换 4. 重新连接

（续）

故障现象	故障原因	排除方法
启动机转动无力	1. 蓄电池亏电 2. 导线故障 3. 启动机故障：电枢绕组或励磁绕组短路，电枢轴弯曲，电刷磨损过多，换向器表面烧蚀、脏污，电磁开关主触点、接触盘烧蚀，电磁开关局部短路，启动轴承过紧	1. 蓄电池充电 2. 检查导线连接情况 3. 检查启动机，修复或更换
启动机有异响	1. 启动机齿圈或飞轮齿圈损坏 2. 电磁开关行程调整不当 3. 启动机固定螺栓松动或离合器壳松动 4. 电磁开关内部线路接触不良	1. 更换 2. 重新调整 3. 紧固 4. 修复或更换

三、农机启动系统常见故障部位

启动系统常见故障部位如图 3 - 32 所示。

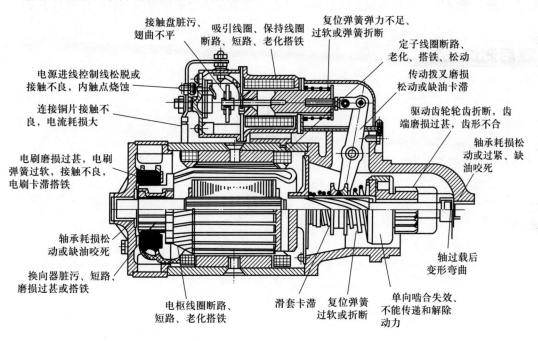

图 3 - 32　农机启动系统常见故障部位

技能训练

启动系统的电路连线与故障分析

【技能点】

★进一步了解启动系统的结构

★认识启动系统在实车上的布置

★在实训台上进行线路的连接以及线束查找

★掌握启动系统简单故障的判断方法

【技能训练准备】

1. 设备及工具准备　拖拉机实物两台、联合收割机实物两台、数字万用表若干、常用工具若干等。

2. 学生实习准备　根据学生的人数，分成四组，确定每组的小组长。

【技能训练步骤】

1. 启动电路的接线　通过在实训台上，在教师的指导下进行启动电路连线实训，让学生学习连接或拆卸线路的原理、启动电路的特点与原理、各组成部件的结构原理。并能学会分析与排除故障的基本方法。

要求启动电路连接完，打开点火开关后，各通电电路应正常通电工作，否则为有故障，应仔细查找，予以排除。

2. 在线束上查找电源电路　在教师的指导下，按启动电路的原理，根据电路的走向进行查线束，使学生进一步掌握接线原则与特点，并重点学会主动查找为故障排除打下基础。

课后测试

项目三　课后测试

项目四

照明、信号系统的电路原理与维护

任务1　照明系统的电路使用与维护

引　入

　　某拖拉机或联合收割机在夜间工作时，照明灯突然不亮了，怎么办？

　　拖拉机或联合收割机照明系统主要用于夜间（雨、雾天）照明、工作时照亮车的后方，标示车宽度、车内照明、仪表照明和夜间检修等。如果在夜间，照明系统突然出现故障将严重影响行车或工作安全。要排除照明系统的故障，首先必须对照明系统的组成、结构有一个全面的了解，同时根据电路原理，进一步掌握照明系统的电路特点。然后运用已有的知识，综合判断，合理检查，找出故障发生的原因，最终采取规范的修理手段，排除故障。

理论知识

一、农机照明系统的组成

　　农机照明系统由电源、照明装置和控制部分组成。照明装置包括外部灯、内部灯和工作照明灯，控制部分包括各种灯光开关、继电器等。

　　外部灯又称为外照灯，主要有前照灯、工作灯、卸粮灯、示宽灯、小灯等，各种内部灯包括仪表灯、顶灯等。

二、农机对照明的要求

(1) 行进时的道路照明，这是农机夜间安全行车的必备条件。要求照明设备能提供车前100 m以上的明亮均匀的照明，并且不应对迎面来车的驾驶员造成眩目。随着乡村道路的改善，车速的不断提高，要求道路照明的距离也相应增加。

(2) 倒车场地照明，让驾驶员在夜间倒车时能看清车后的情况。

(3) 工作灯照明，夜间工作时让驾驶员能看清拖拉机（联合收割机）工作场地，以防事故发生。

(4) 车内照明，车内照明包括仪表照明、驾驶室照明、车厢和车门的照明等，这些都是现代农机夜间行车不可缺少的。

三、前照灯

1. 前照灯的分类

(1) 可拆式前照灯：这是最早使用的一种，其反射镜边缘的齿簧与配光镜组合，再用箍圈和螺钉安装于灯壳上，灯泡的装拆必须将全部光学组件取出后才能进行，因而密封性很差，反射镜易受外界环境气候的影响而污染变黑，严重降低照明效果，目前逐步淘汰。

(2) 半封闭式前照灯：半封闭式前照灯的结构如图4-1所示，配光镜是靠卷曲反射镜边缘上的牙齿而紧固在反射镜上，两者之间垫有橡皮密封圈，灯泡只能从反射镜的后端装入。

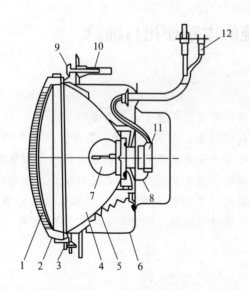

图4-1 半封闭式前照灯

1. 配光镜　2. 固定圈　3. 调整圈　4. 反射镜　5. 拉紧弹簧
6. 灯壳　7. 灯泡　8. 防尘罩　9. 调节螺栓　10. 调整螺母
11. 胶木插座　12. 接线片

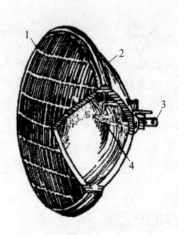

图4-2 封闭式前照灯

1. 配光镜　2. 反射镜　3. 接头　4. 灯丝

当需要更换损坏的配光镜时，撬开反射镜边缘的牙齿，安上新的配光镜后，再将牙齿复原。由于半封闭式前照灯维修方便，因此得到广泛使用。

（3）封闭式前照灯：封闭式前照灯没有分开的灯泡，其整个总成本身就是一个灯泡。安装灯芯时，应注意配光镜上的标记（箭头或字符），不应出现倒置或偏斜现象。封闭式前照灯完全避免了反射镜的污染，但价格较高。如图4-2所示。

2. 前照灯的结构 前照灯的光学系统包括灯泡、反射镜和配光镜三部分。

（1）灯泡：图4-3所示为前照灯用的灯泡，有普通灯泡和卤钨灯泡两种，灯泡的灯丝均用熔点高、发光强的钨制成。

普通灯泡内充满惰性气体，所以也称充气灯泡，如图4-3(a)所示。受热膨胀后以阻止钨的蒸发，使用到一定时间，由于钨蒸发沉积泡壳上，便会发生"黑化"。卤钨灯泡内充满惰性气体，并掺入一定量的碘或溴卤族元素，如图4-3(b)所示。利用钨和卤族元素再生循环反应的原理，防止了灯泡"黑化"。这种灯泡体积小、寿命长、发光效率比普通灯泡高50%～60%，其耐久性也好。是目前一种较理想的新型电光源。

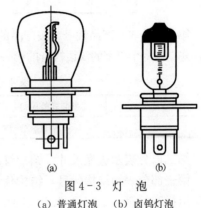

图4-3 灯 泡
(a) 普通灯泡 (b) 卤钨灯泡

前照灯内有远光和近光两根灯丝，以满足防眩要求，有的还在灯丝的下端设置配光屏或者采用非对称形配光防眩目。

（2）反射镜：反射镜又称为反光镜或反光罩，它是前照灯的主要光学器件，通常用冷轧钢板冲压而成，其形状为旋转抛物面，其内表面进行镀银、镀铝或镀铬，经抛光加工而成，反射系数达94%以上。反射镜可使灯泡的光线聚合并导向前方。无反射镜的灯泡，其光度只能照清周围6 m左右的距离，而配备反射镜后，经反射镜反射后的平行光束可射向远方，使光度增强至几倍甚至上千倍，可照清楚150 m以外的路面，以保证车辆前方有足够的照明。经反射镜反射后，尚有少量的散射光线，其中朝上的完全无用，散射向侧方和下方的光线则有助于照明5～10 m的路面和路缘。如图4-4所示。

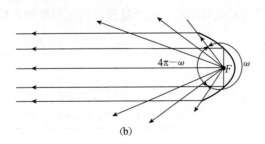

图4-4 反射镜的结构与作用
(a) 反射镜 (b) 反射镜的反射作用

（3）配光镜：配光镜又叫散光玻璃，是许多透镜和棱镜的组合体，配光镜的外表面平滑，内侧精心设计成由很多块特殊的凸透镜和棱镜组成的组合体，其几何形状非常复杂。加散光玻璃的作用是将反射镜反射出光束进行折射与反射，以扩大光线照射的范围，其作用是把反射镜聚集的光束，在水平方向扩散，在竖直方向使光束向下折射，使前照灯 100 m 以内的路面和路缘均有较好的照明效果。如图 4-5 所示。

图 4-5　配光镜

3. 前照灯的型号

（1）外照灯型号编制：外照灯的型号由六部分组成。

| 1 | 2 | 3 | 4 | — | 5 | 6 |

第一部分表示产品代号，按产品的名称顺序适当选取两个单字，并以这两个单字的汉语拼音的第一个字母组成，见表 4-1。

表 4-1　外照灯产品代号的组成

产品名称	外装式外照灯	内装式外照灯	四制灯	组合式前照灯
代号	WD	ND	SD	HD

第二部分表示透光尺寸，圆形灯以透光直径表示，方形灯以透光面长×宽表示。

第三部分表示结构代号，结构代号分为半封闭式和全封闭式两种，全封闭式用"封"字的汉语拼音的第一个字母"F"表示，半封闭式不加标注。

第四部分表示分类代号，外照灯按其适用车型分类如拖拉机用"T"表示，摩托车用"M"表示，而汽车外照灯不加标注。

第五部分表示设计序号，按产品设计的先后顺序，用阿拉伯数字表示。

第六部分表示变型代号，外照灯兼作雾灯使用时，其代号用"雾"字汉语拼音的第一个字母"W"表示。

（2）内照灯和信号灯型号编制：车内照灯和信号灯的型号由三部分组成。

| 1 | 2 | 3 |

第一部分表示产品代号，内照灯以"内"和"照"两个字的汉语拼音第一个字母"NZ"表示；信号灯以"信"和"号"两个字的汉语拼音的第一个字母"XH"表示。

第二部分表示用途代号，用途代号以一位阿拉伯数字表示，其含义见表 4-2。

第三部分表示设计序号，按产品设计的先后顺序，用阿拉伯数字表示。

表 4-2　内照灯和信号灯用途代号

用途代号	0	1	2	3	4	5	6	7	8	9
内照灯	其他	厢灯	仪表灯	门灯	阅读灯	踏步灯	牌照灯	工作灯		
信号灯	其他	前转向灯	示宽灯	尾灯	制动灯	倒车灯	反射灯	组合式前信号灯	组合式后信号灯	指示灯

例如，ND228×148-2，表示为车内装式外照灯，方形灯的透光面长为 228 mm、宽 148 mm，灯光组为半封闭式，第二次设计。

四、其他照明灯简介

（1）牌照灯：牌照灯是用于照亮车辆牌照，要求夜间在车后 20 m 处能看清牌照号码。牌照灯装在车尾部牌照上方，灯光光色为白色，灯泡功率为 8~20 W。

（2）倒车灯：倒车灯是车辆倒车时为观察后方障碍物和显示倒车信号而设计的灯具，受倒车灯形状控制，一般倒车灯开关置于变速器上，当变速器置于倒挡时，此开关接通。

（3）内部照明灯：内部照明灯包括顶灯、仪表照明灯等。主要是为驾驶员、乘客提供方便。灯光光色为白色，灯光功率为 2～20 W。

五、灯光继电器

车辆装有两只或四只前照灯，为了避免因电流过大而烧坏总开关和保证前照灯的正常工作，故在大灯电路中装置了灯光继电器，通常有触点常开型和触点常闭型两种。如图 4 - 6 所示。

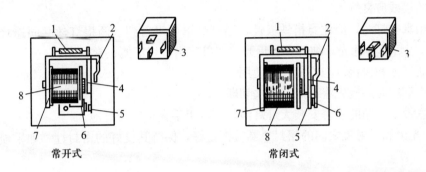

常开式　　　　　常闭式

图 4 - 6　JD 系列灯光继电器结构及外形

1. 弹簧　2. 限位卡　3. 外形　4. 衔铁　5. 动触点　6. 静触点　7. 支架　8. 线圈

技能训练

农机照明系统的结构认识与故障检修

【技能点】

★认识农机照明系统在车上的安装位置

★了解农机照明系统电路故障的检查方法

【技能训练准备】

1. 设备及工具准备　拖拉机整车两台、联合收割机两台、数字万用表四个、直流试灯四个、常用工具若干等。

2. 学生实习准备　根据学生的人数，分成四组，确定每组的小组长。

【技能训练步骤】

一、拖拉机、联合收割机照明系统在实车上的认识

集中学生，对照实车介绍前照灯、示宽灯、工作灯、顶灯等元件的位置，并进行各灯工作情况的演示。

二、照明控制电路检测方法认识

1. 展示照明控制电路线路图，如图 4 - 12 所示。

2. 对照线路图分析照明工作电路走向。

3. 照明控制电路检测。根据线路的控制原理，可以利用分段法进行检测。

三、前照灯的维护

1. 安装前照灯时，应根据标志不得倾斜放置。

2. 如果半封闭式前照灯的反射镜、散光玻璃上有尘污，应用压缩空气吹净。

3. 若吹不净，可根据镀层材料采取适当方法擦净，如镀银或镀铝的只能用清洁棉花蘸热水擦，要由镜的中心向外围成螺旋形地轻轻擦拭或清洗。

4. 有的反射镜表面由制造厂预涂了一层薄而透明的保护膜，清洁时千万不要破坏。

5. 灯的接线应良好。

6. 换用真空灯时，应注意搭铁极性，通过灯罩可以看到，两根灯丝共同连接的灯脚为搭铁极性，粗灯丝为远光，细灯丝为近光。如果装错，灯不能正常发光。

7. 普通灯泡和卤钨灯泡不能互换使用。

8. 调换灯泡时，应先将该灯的开关切断。

9. 注意带上干净的手套安装大灯灯泡，不可用手直接安装灯泡。

10. 配光镜和反射镜之间的密封垫圈应固定好，保持其良好的密封性。如果损坏应及时更换。

四、前照灯检测

为了车在夜间行驶时，路面有明亮而又均匀的照明并且不使对面来车的驾驶员眩目以保证行车安全，应定期检查前照灯的照明情况，必要时应根据车辆使用说明书要求予以调整。

前照灯光束的检查可采用屏幕检验法或仪器检验法，无论采取什么调整方法，都应做到如下几点：

1. 车辆轮胎气压符合标准气压。

2. 前照灯配光镜表面清洁。

3. 车辆空载、车身水平正直。

（一）屏幕法检测

在距车用前照灯 L 处挂一屏幕（或利用墙壁），使车辆中心轴线与屏幕成直角。如图 4-7 所示。

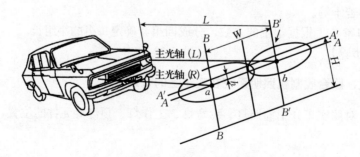

图 4-7 屏幕式调整前照灯的方法

（图中 A、B、H 应参照车型规定标准数据，单位为 mm）

在屏幕上画出前照灯的水平中心线一条离地 H，另一条比它低 h，再在屏幕上画三条垂线，一条为中垂线，使它与车辆的中心线对正；另外两条垂线 $B-B$ 和 $B'-B'$ 分别位于中垂线的两侧，它们与中垂线的距离均为两前照灯中心距离 W 的 $1/2$，水平线 $A-A$ 与垂直线 $B-B$、$B'-B'$ 分别相交于 a 点和 b 点。

前照灯光轴方向偏斜时，应进行调整，调整部位一般分外侧调整式和内侧调整式两种，如图 $4-8$ 所示。调整时，按需要转动灯座上面的左右及上下调整螺钉（或旋钮），使光轴方向符合标准。

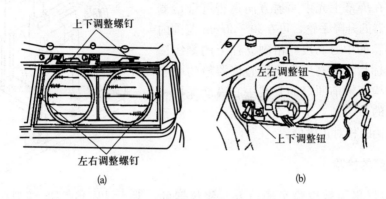

图 $4-8$ 前照灯调整
(a) 外侧调整式 (b) 内侧调整式

启动发动机，使转速约为发动机的最高转速的 60% 转速旋转，即在蓄电池不放电的情况下点亮前照灯远光。

调整左灯时，将右灯遮住，接通远光灯丝，调整左前照灯，使射出的光束中心对准屏幕上前照灯光点中心，如为解放汽车 CA1091 型汽车，应松开紧固螺母，扳动灯进行调整，如为 EQ1090 型汽车，需调整左、右、上、下固定螺钉，如图 $4-9$ 所示。最后用同样方法调右侧前照灯。

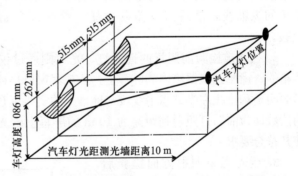

图 $4-9$ 非对称形前照灯（EQ1090 型）的屏幕检验法

（二）仪器检测法

国产 QD-2 型前照灯检验仪主要用于非对称眩目前照灯车辆检验，也可兼作对称式前照灯车辆的检验。检验仪前端装有透镜，前照灯光束通过透镜投射到仪器内的屏幕上成像，再通过仪器箱上方的观察窗，目视其在屏幕上光束照射方向是否符合规定值，与此同时，读出光束表的指示值。如图 $4-10$ 所示。

1. 国产 QD-2 型前照灯检验仪的主要参数 该仪器的仪器箱升降高度的调节范围为 $50\sim130$ cm。能够检验车辆前照灯照射到距离为 10 cm 的屏幕上光束偏移范围为 $0\sim50$ cm。能够检验车辆前照灯的最大发光强度为 $0\sim40\,000$ cd。

2. 国产 QD-2 型前照灯检验仪的结构 总体结构如图 $4-10$ 所示，仪器由车架、行走部分，仪器箱部分，仪器升降调节装置和对正器等部分组成。行走部分装有三个固定的车轮，它可以沿水平地面直线行驶，以便在检验完其中一只前照灯后，平移到另一只前照灯前。仪器箱是该仪器的主要检验部分，其上装有前照灯光束照射方向选择指示旋钮和屏幕，前端装有透镜，前照灯光束通过透镜投影到屏幕上成像，再通过仪器箱上方的观察窗口，目视其在屏幕上光束照射方向是否符合检测要求。转动仪器的升降手轮，可在 50～30 cm 范围内任意调节仪器箱的中心高度，由副立柱上的刻线读数和高度指示标指示其高度值。检验仪器箱的中心高度值应与被检车辆前照灯的安装中心高度保持一致。在仪器箱的后端顶盖上装有对正器，用以观察仪器与被检车辆的相对正确位置。

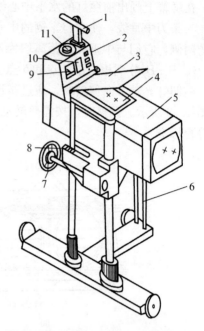

图 4-10　国产 QD-2 型前照灯检验仪
1. 对正器　2. 光度选择按钮　3. 观察窗盖
4. 观察窗　5. 仪器箱　6. 仪器移动手柄
7. 仪器箱升降手轮　8. 仪器箱高度指示标
9. 光度计　10. 光束照射方向参考表
11. 光束照射方向选择指示旋钮

五、前照灯的检验

1. 将检验仪移至被检验车辆前方，使仪器的透镜镜面距前照灯配光镜面（30±5）cm，并使仪器轴高度与前照灯中心离地高度一致。仪器应对正车的纵轴线，然后将仪器移至任一前照灯开始检验。

2. 接通被检验前照灯的近光灯，光束则通过仪器箱的透镜照到仪器箱内的屏幕上，从观察窗口目视，并旋转光束照射方向指示旋钮，使光形的明暗截止线左半部水平线段与屏幕上的实线重合。此时，光束照射方向选择指示旋钮上的读数即为前照灯照射到距离为 10 m 的屏幕上的光束下倾值，应调整近光光束的下倾值，使其符合要求。

3. 近光光束照射方向检验后，按下光度选择按键的近光Ⅲ按键 5，如图 4-11 所示，检验近光光束暗区的光度，观察光度表，光度应在合格区（绿色区域）。

4. 检验远光光束。接通前照灯的远光灯，远光光束照射到屏幕上的最亮部分，应当落在以屏幕上的圆孔为中心的区域，说明远光光束照射方向符合要求，否则如有上、下或左、右偏移，均应调整。

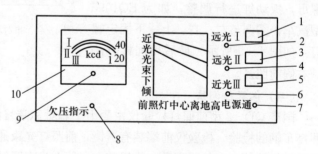

图 4-11　光度指示装置
1. 远光Ⅰ按键　2. 远光Ⅰ调零旋钮　3. 远光Ⅱ按键
4. 远光Ⅱ调零按钮　5. 近光Ⅲ按键　6. 近光Ⅲ调零按钮
7. 电源开关　8. 电源电压指示灯
9. 光度表调零按钮　10. 光度表

5. 检验远光灯的发光强度。按下远光Ⅰ按键 1，观察光度表，若亮度不超过 20 000 cd，应按下远光Ⅱ按键 3，检验远光灯最小亮度是否符合规定。亮度超过 15 000 cd 为绿色区域，即为合格区域；在红色区域说明亮度低于 15 000 cd，不合格。亮度大于 20 000 cd 时，光度表以远光 Ⅰ 读数为准；亮度低于 20 000 cd 时，以远光 Ⅱ 计数为准。然后以同样方法检查另一只前照灯。

六、照明系统的电路分析

各种拖拉机、联合收割机的灯光电路在结构上基本相同，均由各种开关控制着相应的灯泡或指示灯及灯光信号装置，工作原理十分简单，一般都是开关按下后使相应灯泡电流回路形成而点亮灯泡。以迪尔佳联 C230 联合收割机为例照明电路如图 4 - 12 所示。

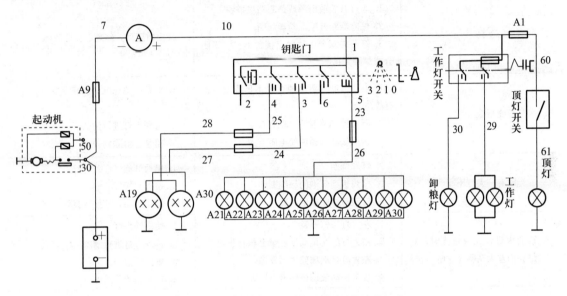

图 4 - 12　迪尔佳联 C230 联合收割机照明电路

1. 前照灯电路

（1）远光灯电路：电流从蓄电池（＋）→启动机 30→保险丝 A9→电流表→钥匙门 1→钥匙门 3→导线 24→保险→导线 27→远光灯→搭铁→蓄电池（一）。

（2）近光灯电路：电流从蓄电池（＋）→启动机 30→保险丝 A9→电流表→钥匙门 1→钥匙门 4→导线 25→保险→导线 28→近光灯→搭铁→蓄电池（一）。

2. 示宽灯电路　电流从蓄电池（＋）→启动机 30→保险丝 A9→电流表→钥匙门 1→钥匙门 5→导线 23→保险→导线 26→示宽灯（A21~A24）→搭铁→蓄电池（一）。

3. 仪表及粮箱照明灯电路　电流从蓄电池（＋）→启动机 30→保险丝 A9→电流表→钥匙门 1→钥匙门 5→导线 23→保险→导线 26→示宽灯（A25~A30）→搭铁→蓄电池（一）。

4. 卸粮灯电路　电流从蓄电池（＋）→启动机 30→保险丝 A9→电流表→导线 10→保险→工作灯开关→导线 30→卸粮灯→搭铁→蓄电池（一）。

5. 工作灯电路　电流从蓄电池（＋）→启动机 30→保险丝 A9→电流表→导线 10→保险→工作灯开关→导线 29→工作灯→搭铁→蓄电池（一）。

6. 顶灯电路　电流从蓄电池（＋）→启动机 30→保险丝 A9→电流表→导线 10→保险 A1→导线 60→顶灯灯开关→导线 61→顶灯→搭铁→蓄电池（一）。

七、照明系统电路常见故障及排除方法

照明系统电路常见故障及排除方法见表4-3。

表4-3　照明系统电路常见故障及排除方法

故　障　现　象	故　障　原　因	排　除　方　法
接通灯开关时，保险立即跳开，或保险丝立即熔断	线路中有短路、搭铁处	找出搭铁处加以绝缘
灯泡经常烧坏	电压调节器调整不当或失调使电压过高	重新调节或更换电压调节器
所有的灯不亮	1. 车灯开关前电源线路断路或搭铁 2. 保险器断开或保险丝熔断 3. 灯开关双金属片触点接触不良、不闭合或灯开关损坏	找出故障处，修理、排除故障
大灯灯光暗淡	1. 电压过低（蓄电池存电不足或发电机有故障） 2. 配光镜或反射镜上积有灰尘 3. 接头松动或锈蚀使电阻增大	1. 对蓄电池充电、检修发电机 2. 拆开大灯进行清洁 3. 扭紧、清除锈蚀
变光时有一大灯不亮	1. 灯丝烧断 2. 接线板到灯泡的导线断路 3. 灯泡与灯座接触不良	1. 更换灯泡 2. 检查并接好 3. 清除污垢，使接触良好
接通大灯远光或近光时，右大灯亮而左大亮明显发暗	1. 左大灯搭铁不良 2. 左大灯配光镜或反射镜上积有灰尘 3. 左大灯灯泡玻璃表面发黑 4. 接头松动或锈蚀使电阻增大	1. 使搭铁良好 2. 拆开大灯进行清除 3. 更换灯泡 4. 扭紧、清除锈蚀
示宽灯均不亮	1. 车灯开关到示宽灯接线板的导线断路 2. 灯丝烧断	1. 重新接好 2. 更换灯泡
一只示宽灯不亮	1. 该示宽灯的导线断路 2. 灯丝烧断 3. 搭铁不良	1. 重新接好 2. 更换灯泡 3. 检修
工作灯不亮	1. 线路中有断路处 2. 灯丝烧断 3. 搭铁不良	1. 重新接好 2. 更换灯泡 3. 使搭铁良好

任务2　信号系统的电路使用与维护

引　入

一台拖拉机，打左右转向灯均不亮，但按下危险报警灯开关，所有转向灯同时闪烁发光，试问故障是由什么原因引起的？如何进行诊断和排除？

农机信号系统除转向信号装置外，还包括倒车信号装置、制动信号装置和喇叭等，这些

信号装置出现故障时又该如何检修呢？

农机左右转向灯属于农机信号系统，为了显示农机整车或某一系统的工作情况，引起行人及驾驶员注意，保证行车安全，防止事故发生，农机上设置了一些信号装置。农机信号装置在使用的过程中，难免发生这样或那样的故障，一旦发生故障，应尽快修复。这就要求维修人员对车上各信号装置的组成、结构和工作原理有一个清晰的认识，熟悉信号装置控制电路，能根据故障现象进行综合分析和判断，才能采取有效的检修方法排除故障。

理论知识

一、农机信号系统的组成

农机信号系统主要由转向信号装置、倒车信号装置、制动信号装置和喇叭等组成。

二、转向信号系统装置

转向信号系统装置主要由转向信号灯、闪光继电器和转向开关等组成。

1. 转向信号灯　转向信号灯简称为转向灯，用于指示车辆的行驶方向，用以向交通指挥人员、周围车辆、行人发出转向信号，保证交通安全，受转向开关控制。灯光光色为琥珀色，灯泡功率一般为 20 W，通常车辆前后、左右共安装四只，有些车身较长的车，在左右侧也各安装一个或两个转向灯。当车转弯时，通过闪光继电器使前后、左右转向灯闪耀发光，无论是白天、黑夜，要求其能见距离不小于 35 m；而在右偏 30°至左偏 30°的视角范围内，要求能见距离不小于 10 m，有些车在行驶过程中如遇危险或紧急情况，可由该车的信号系统、转向灯同时发出闪光信号或由蜂鸣器发出响声，以作为危险报警的信号。

为便于驾驶人员监视转向信号灯工作，在驾驶室仪表板上设有两个转向信号指示灯，与左、右转向信号灯并联，同步闪烁。

2. 闪光继电器　闪光继电器又称为闪光器，转向信号灯和转向信号指示灯的闪烁是由闪光继电器控制的。按其结构不同，可分为阻丝式、电容式和电子式三种。其中阻丝式又可分为热丝式（电热式）和翼片式（弹跳式），而电子式又可分混合式（带触点式的继电器与电子元件）和全电子式（无继电器）。

（1）翼片式闪光器：翼片式闪光器外形和结构原理如图 4-13 所示。翼片为弹性钢片，热胀条是热胀系数较大的合金钢带。热胀条在冷却状态时，将翼片绷紧成弓形，使触点处于闭合状态。接通转向灯开关后，转向灯与其信号指示灯电路接通。其电路为：蓄电池（＋）→翼片→热胀条→触点→转向灯开关→转向灯及转向信号指示灯→搭铁→蓄电池（－）。由于电流流经热

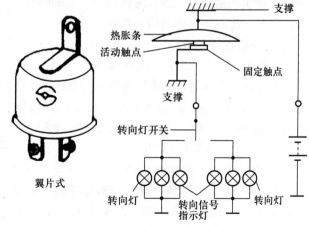

图 4-13　翼片式闪光器外形和结构原理

胀条，热胀条伸长，翼片在自身弹力作用下伸直，使活动触点、固定触点分离，电路被切断，转向灯与转向信号指示灯熄灭，热胀条中电流消失后，冷却收缩，牵动翼片再次呈弓形，活动触点下移与固定触点再次闭合，电路接通，转向灯与转向信号指示灯又亮。如此反复变化，产生闪烁的转向信号，同时发出"啪嗒、啪嗒"的响声。

（2）电容式闪光器：电容式闪光器外形和结构如图4-14所示。

接通转向灯开关后，串联线圈经触点、转向信号灯构成回路，产生较强磁场，吸动衔铁，使触点张开，转向信号指示灯不亮。这时，电容器经串联线圈、并联线圈、转向灯开关、转向灯及转向信号指示灯构成充电回路。由于电流很小，此时转向灯与转向信号指示灯不亮。触点在串、并联线圈的同向合成磁场作用下，仍保持张开状态。电容器充足电后，并联线圈电流消失，铁芯吸力减小，触点在复位弹簧作用下闭合，转向灯与

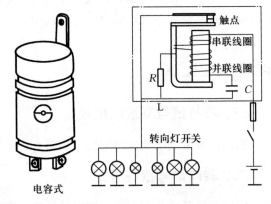

图4-14　电容式闪光器外形和结构原理图

转向信号指示灯亮，同时电容器经并联线圈及触点放电。由于串、并联线圈产生的磁场方向相反，触电仍保持闭合状态。电容器放电结束后，并联线圈电流消失，铁芯吸力在串联线圈磁场作用下增强，触电再次张开，转向灯与转向信号指示灯变暗，电容器再次充电。如此循环，转向灯与转向信号指示灯不断地闪烁。

（3）电子式闪光器：电子闪光器分为晶体管式和集成电路式两类。

① 有触点式晶体管闪光器。图4-15所示为有触点式晶体管闪光器外形和结构原理图，其触点为长闭合触点。

当车辆转弯时，接通电源开关SW和转向开关K，电流经蓄电池（＋）→电源开关SW→"B"接线柱→电阻R_1→继电器J的触点→"S"接线柱→转向开关K→转向灯及转向信号指示灯（左或右）→搭铁→蓄电池（－），转向灯亮。由于R_1上的分压给三极管V提

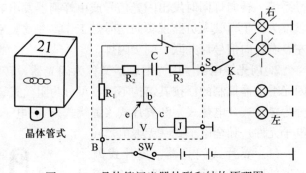

图4-15　晶体管闪光器外形和结构原理图

供偏置电压而使其导通，集电极电流流经继电器J线圈，其上产生的吸力使触点断开。三极管V导通后其基极电流向电容器充电，其回路为：蓄电池（＋）→电源开关SW→"B"接线柱→发射极、基极→电容器C→电阻R_3→转向开关K→转向灯及转向信号指示灯（左或右）→搭铁→蓄电池（－）。电容器C充电过程中，随着电容器两端电压上升，基极电流变小。使集电极电流也相应变小。当流经继电器J线圈的电流不足，造成吸力减小而释放常闭合触点时，继电器J的触点又重新闭合，使转向灯点亮，同时电容器通过电阻R_2、触点、R_3放电，由于此时R_2向V提供了反向偏压，加速V的截止。随着电容器放电流的减小，R_1上的压降又为V提供了正向的偏置电压。这样循环往

复，使转向灯闪烁发光。

② 有触点式集成电路闪光器。图 4-16 所示为集成电路闪光器的工作原理图。U243B 型集成块是一块低功率、高精度的电子闪光器专用集成电路。U243B 的标称电压为 12 V，实际工作电压范围为 9～18 V，采用双列 8 脚直插塑料封装。内部电路主要由输入检测器 SR、电压检测器 D、振荡器 Z 及功率输出级 SC 四部分组成。

输入检测器用来检测转向信号灯开关是否接通。振荡器由一

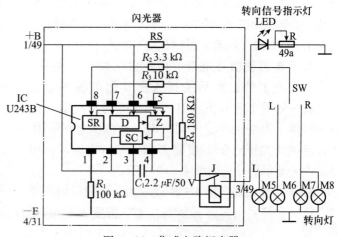

图 4-16 集成电路闪光器

个电压比较器和外接的电阻 R_4 和电容器 C_1 构成。内部电路比较器的一端提供了一个参考电压，其值由电压检测器控制，比较器的另一端则由外接的电阻 R_4 和电容器 C_1 提供一个变化的电压，从而形成电路的振荡。振荡器工作时，输出级的矩形波便控制继电器线圈的电路并使继电器触点反复打开和闭合。于是转向灯和转向信号指示灯闪烁，频率为 80 次/min。

如果一只转向灯烧坏，则流过取样电阻 R_S 的电流减小，其电压降减小，经电压检测器识别后，便控制振荡器的电压，从而改变振荡频率，使转向信号指示灯的闪光频率加快一倍，以提示驾驶员及时检修。当打开危险警报开关时，车的前、后、左、右转向灯同时闪烁作为危险警报信号。

③ 无触点电子闪光器。如图 4-17 是一种简单的无触点电子闪光器。其工作原理如下：接通转向灯开关，三极管 V_1 因有正向偏压而饱和导通，而三极管 V_2、三极管 V_3 截止。由于 V_1 的发射极电流很小，故转向灯较暗。同时，电源通过电阻 R_1 对电容 C 充电，使得 V_1 的基极电位下降，当低于其导通所需正向偏置电压时 V_1 截止。V_1 截止后，V_2 通过电阻 R_3 得到正向偏压而导通，V_3 也随之饱和导通，转向灯变亮。此时，C 经 R_1、R_2 放电，使 V_1 的仍保持截止，转向灯继续发亮。随着 C 放电电流减小，V_1 基极电位又逐渐升高，

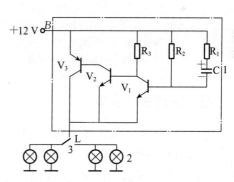

图 4-17 国产 SG131 型无触点式闪光器

1. 闪光器 2. 转向信号灯 3. 转向灯开关

当高于其正向导通电压时，V_1 又导通，V_2、V_3 又截止，转向灯又变暗。随着电容的充电、放电，V_3 不断的导通、截止，如此循环，使转向灯闪烁。

三、倒车信号装置

倒车信号装置由倒车灯、倒车灯开关和倒车蜂鸣器等组成。

1. 倒车灯开关 倒车信号装置由倒车灯开关控制。倒车信号开关的结构如图4-18所示。钢球8平时被顶起，当变速杆拨至倒车挡时，钢球被松开，在弹簧4的作用下，触点5闭合，将倒车信号电路接通。

2. 倒车报警信号电路 拖拉机（联合收割机）倒车时，为了警示车后的行人和其他车辆注意避让，在车的后部装有倒车灯和倒车蜂鸣器或倒车话音报警器。当变速杆挂入倒挡时，在拨叉轴的作用下，倒挡开关接通倒车报警器和倒车灯电路，从而发出声光倒车信号。如图4-19所示。

3. 倒车蜂鸣器 图4-20是农机上使用的倒车蜂鸣器，主要是利用多谐振荡器控制三极管 VT_3 的导通与截止，为蜂鸣器提供断续电流并产生间歇发声。这类无触点倒车蜂鸣器电子控制器的应用已日益广泛。

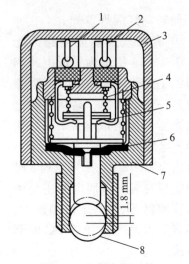

图4-18 倒车灯开关

1、2. 导线 3. 壳体 4. 弹簧 5. 触点
6. 膜片 7. 底座 8. 钢球

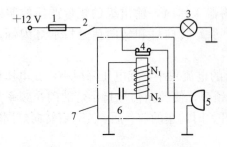

图4-19 倒车报警信号电路

1. 熔断丝 2. 倒车信号灯开关 3. 倒车信号灯
4. 继电器触点 5. 蜂鸣器 6. 电容器
7. 倒车信号间歇发声控制器

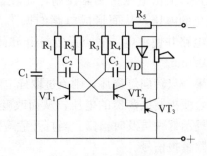

图4-20 多谐振荡器式倒车蜂鸣器

四、制动信号装置

制动信号装置主要由制动信号灯和制动开关等组成。

1. 制动信号灯 制动灯大多与尾灯合成一体，用双丝灯泡或两个单丝灯泡制成。功率比较小的灯作为尾灯，功率大的灯作为制动灯。

2. 制动开关 制动开关有液压式、气动式和机械式三种。

常用的气动式制动信号开关如图4-21所示，安装于制动阀上。制动时，气压推动膜片2向上拱起，压缩弹簧7使触点6接通，制动灯亮。抬起制动踏板气压降低，膜片复原，触点断开，制动灯灭。

常见的液压式制动信号开关如图4-22所示，安装在制动总泵的前端。制动时，液压增大，膜片2拱起，动触片4与接线柱6、7导通，制动灯点亮。当松开制动踏板时，液压降低，膜片挺直，在弹簧5的作用下，动触片4回原位，制动灯灭。

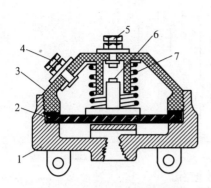

图 4 - 21 气动制动信号开关
1. 壳体 2. 膜片 3. 胶木盖
4、5. 接线柱 6. 触点 7. 弹簧

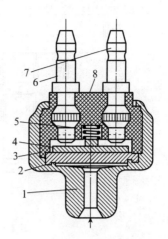

图 4 - 22 液压式制动信号开关
1. 管接头 2. 膜片 3. 壳体 4. 动触片
5. 弹簧 6、7. 接线柱及静触点 8. 胶木盖

五、电喇叭

电喇叭具有操作方便、结构简单、检修容易、声音悦耳等优点，被广泛应用。

1. 电喇叭结构和工作原理 电喇叭由振动机构和电路断续机构两部分组成，按外形不同可分为筒形、螺旋形和盆形电喇叭。由于盆形电喇叭具有尺寸小、质量轻、声束的指向性好等特点，因此被现代车普遍采用。盆形电喇叭的结构如图 4 - 23 所示。

工作原理：当按下喇叭按钮 10 时，进入喇叭的电流由蓄电池（＋）→线圈 2→触点 7→喇叭按钮 10→搭铁→蓄电池（－）。线圈 2 通电后产生电磁吸力，吸动上铁芯 3 及衔铁 6 下移，使膜片 4 向下拱曲，衔铁 6 下移中将触点 7 顶开，线圈 2 电路被切断，其电磁力消失，上铁芯 3、衔铁 6 在膜片 4 弹力的作用下复位，触点 7 又闭合。如此反复一通一断，膜片不断振动发出声响，

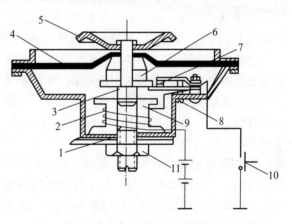

图 4 - 23 盆形电喇叭
1. 下铁芯 2. 线圈 3. 上铁芯 4. 膜片 5. 共鸣板
6. 衔铁 7. 触点 8. 调整螺钉 9. 铁芯
10. 喇叭按钮 11. 锁紧螺母

通过共鸣板产生共鸣，从而产生音量适中、和谐悦耳的声音。

2. 电子喇叭 有触点电磁振动式电喇叭由于触点易烧蚀、氧化，影响电喇叭的工作可靠性，故障率高，因此电子喇叭应运而生，电子喇叭是利用晶体管代替电磁式电喇叭的触点。其主要由多谐振荡电路和功率放大电路组成，如图 4 - 24 所示。

工作原理：由三极管 VT_1、VT_2、VT_3 和电容 C_1、C_2 及电阻 $R_1 \sim R_9$ 组成多谐振荡电路。当按下喇叭按钮，电路即通电，由于 VT_1 和 VT_2 的电路参数总有微小差异，两个晶体管的导通程度不可能完全一致。假设在电路接通瞬间 VT_1 先导通，VT_1 的集电极电位首先

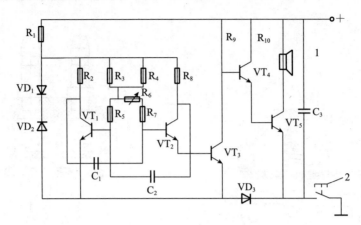

图 4-24 电子喇叭电路图
1. 喇叭 2. 喇叭按钮

下降，于是，多谐振荡电路通过 C_1、C_2 正反馈电路形成正反馈过程。使 VT_1 迅速饱和导通，而 VT_2 则迅速截止，VT_3 也截止，电路进入暂时稳态。此时，C_1 充电使 VT_2 的基极电位升高，当达到 VT_2 的导通电压时，VT_2 开始导通，VT_3 也随之导通。多谐振荡电路又形成正反馈过程，使 VT_2 迅速导通，而 VT_1 则迅速截止，电路进入新的暂时稳态。这时，C_2 的充电又使 VT_1 的基极电位升高，使 VT_1 又导通，电路又产生一个正反馈过程，使 VT_1 迅速饱和导通，而 VT_2、VT_3 则迅速截止。如此周而复始，形成振荡。此振荡电流信号经 VT_4、VT_5 的放大，控制喇叭线圈电流的通断，从而使喇叭发出声响。

电路中，电容 C_3 是喇叭的电源滤波，以防其他电路瞬变电压的干扰。VD_2、R_1 为多谐振荡器的稳压电路，使振荡频率稳定。VD_1 用作温度补偿，VD_3 起电源反接保护作用。R_6 可用于调节喇叭的音量。

3. 喇叭继电器 在农机上常装有两个不同音频的喇叭。当装用双喇叭时，由于其消耗的电流较大，用按钮直接控制时，按钮容易烧坏，故常采用喇叭继电器控制，其构造与接线方法如图 4-25 所示。当按下喇叭按钮 3 时，喇叭继电器线圈 2 通电产生电磁吸力，触点 5 闭合，大电流通过继电器框架、触点臂 1、触点 5 流到喇叭。由于

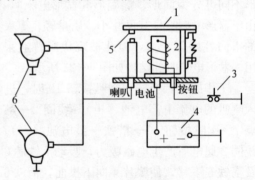

图 4-25 喇叭继电器
1. 触点臂 2. 线圈 3. 喇叭按钮
4. 蓄电池 5. 触点 6. 喇叭

喇叭继电器线圈的电阻很大，因此通过按钮 3 电流很小，故可起到保护按钮的作用。

4. 电喇叭的型号 电喇叭的型号如下所示：

1	2	3	4	5

第一部分表示名称代号，DL 表示有触点，DLD 表示无触点

第二部分表示电压等级，1 表示 12 V、2 表示 24 V、6 表示 6 V。

第三部分表示结构代号，1 表示长筒形，2 表示盆形，6 表示螺旋形。

第四部分表示音量代号，G 表示高音，D 表示低音。

第五部分表示设计序号。

技能训练

农机信号系统的结构认识与故障检修

【技能点】

★认识农机信号系统在车上的安装位置

★了解农机信号系统电路故障的检查方法

【技能训练准备】

1. 设备及工具准备 拖拉机整车两台、联合收割机两台、数字万用表四个、直流试灯四个、常用工具若干等。

2. 学生实习准备 根据学生的人数，分成四组，确定每组的小组长。

【技能训练步骤】

一、拖拉机、联合收割机灯光信号系统在实车上的认识

集中学生，对照实车介绍转向灯、制动灯、倒车灯、喇叭等元件的位置，并进行各灯工作情况的演示。

二、信号控制电路检测方法的认识

1. 展示信号控制电路线路图，如图 4 - 26 所示。

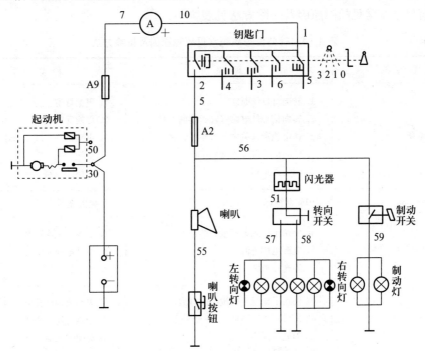

图 4 - 26 迪尔佳联 C230 收割机信号电路图

2. 对照线路图分析信号工作电路走向。

3. 信号控制电路检测。根据线路的控制原理，可以利用分段法进行检测。

三、转向信号系统的故障检修

1. 闪光继电器的检测

（1）闪光继电器的就车检查（以无触点电子闪光器为例且在转向灯及转向信号指示灯完好时进行）。

① 在点火开关置于"ON"位时，将转向灯开关打开，观察转向灯的闪烁情况：如果闪光继电器正常，那么相应转向灯及转向信号指示灯应随之闪烁；如果转向灯不闪烁（常亮或不亮），则为闪光继电器自身或线路故障。此时，用万用表检测闪光继电器电源"B"接线柱与搭铁之间的电压，正常值为蓄电池电压；如果无电压或电压过小，则为闪光继电器电源线路故障。

② 用万用表 $R \times 1$ 挡检测闪光继电器的搭铁"E"接线柱的搭铁情况，正常时电阻为零；否则为闪光继电器搭铁线路故障。

③ 在闪光继电器灯泡"L"接线柱与搭铁之间接入一个二极管试灯，正常情况下灯泡应闪烁，否则为闪光继电器内部晶体管元件故障。

（2）闪光继电器的独立检测：将稳压电源、闪光继电器、试灯接入试验电路，检测闪光继电器工作情况。

将稳压电源的输出电压调至 12 V，接通试验电路，观察灯泡闪烁情况。如果灯泡能够正常闪烁，则闪光继电器完好；如果灯泡不亮，则表明闪光继电器损坏。

2. 转向信号系统常见故障检修

转向信号系统常见故障原因及排除方法见表 4-4。

表 4-4 转向信号系统常见故障原因及排除方法

故障现象	故障原因	检修方法
左右灯都不亮	1. 转向灯灯丝断线 2. 转向信号灯电路保险丝熔断 3. 蓄电池和开关之间有断线，接触不良 4. 转向信号灯开关接触不良 5. 闪光器损坏	1. 更换灯泡 2. 更换保险丝 3. 更换修理配线，修理接触部分 4. 更换开关 5. 更换闪光器
左右灯一侧不亮	闪光器损坏	更换闪光器
亮灭次数少	1. 使用了比规定容量大的灯泡 2. 电源电压过低 3. 闪光器损坏	1. 更换成标准功率灯泡 2. 给蓄电池充电 3. 更换闪光器
亮灭次数多	1. 使用了比规定容量小的灯泡 2. 信号灯搭铁不良 3. 闪光器损坏 4. 某信号灯灯丝烧断	1. 更换成标准功率灯泡 2. 修理灯座的搭铁处 3. 更换闪光器 4. 更换灯泡

（续）

故障现象	故障原因	检修方法
左、右转向信号灯的亮灭次数不一样，或其中有一个不工作（非闪光器的故障）	1. 转向信号灯灯丝烧断 2. 某个信号灯使用了非标准瓦数的灯泡 3. 灯泡接地不良 4. 转向信号灯开关和转向信号灯之间有断线、接触不良	1. 更换灯泡 2. 更换成标准瓦数的灯泡 3. 维修或更换 4. 修理配线或更换，修理接触部位
转向灯常亮	1. 闪光器故障 2. 发电机调压器的限额电压过高 3. 转向开关故障 4. 短路故障	1. 更换闪光器 2. 修理或更换调压器 3. 维修或更换转向开关 4. 修理短路处
有时工作有时不工作，或装置受到震动才工作	1. 导线接触不良或断路 2. 闪光器损坏	1. 修理或更换配线 2. 更换闪光器
转向信号灯电路的保险丝熔断，更换保险丝后再次熔断	1. 闪光灯电路的配线和底盘短路 2. 灯泡或灯座短路 3. 转向信号灯开关短路 4. 闪光器损坏	1. 修理短路处 2. 修理或更换灯座灯泡 3. 更换开关 4. 更换闪光器

四、喇叭信号系统故障检修

1. 电喇叭的检查

（1）喇叭筒及盖有凹陷或变形时，应予修整。

（2）检查喇叭内的各接头是否牢固，如有断脱，用烙铁焊牢。

（3）检查触点接触情况：触点应光洁、平整，上、下触点应相互重合，其中心线的偏移不应超过 0.25 mm，接触面积不应少于 80%，否则应予修整。

（4）检查喇叭消耗电流的大小：将喇叭接到蓄电池上，并在其中电路中串接一只电流表，检查喇叭在正常蓄电池供电情况下的发音和耗电情况。发声应清脆宏亮，无沙哑声音，消耗电流不应大于规定值。如喇叭耗电量过大或声音不正常时，应予调整。

2. 喇叭调整

喇叭的安装固定方法对其发音影响较大。为了保证喇叭声音正常，喇叭不作刚性安装，在喇叭与固定架之间装有片状弹簧或橡胶垫。性能良好的喇叭，发音响亮清晰而无沙哑声。喇叭触点应保持清洁且接触良好。电喇叭的调整包括音调调整和音量调整，如图 4-27 所示。

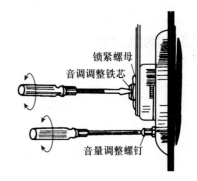

锁紧螺母

音调调整铁芯

音量调整螺钉

图 4-27　喇叭音调和音量的调整

（1）音调调整：音调的高低取决于膜片的振动频率。减小喇叭上、下铁芯间的间隙，则升高音调；增大间隙则音调降低。调整方法：松开锁紧螺母，用螺丝刀转动下铁芯，顺时针方向旋转，上、下铁芯之间的间隙减小，音调升高；逆时针方向旋转，铁芯之间的间隙增大，音调降低。调整后拧紧锁紧螺母即可。

（2）音量调整：音量的强弱取决于通过喇叭线圈的电流大小，电流大音量强。调整方法：先松开音量调整螺栓的锁紧螺母，用螺丝刀转动调整螺栓，顺时针方向旋转，使动静触点之间压力增大，音量提高；逆时针方向旋转，使动静触点之间压力减小，音量降低。

3. 喇叭信号系统常见故障检修　电喇叭的常见故障现象、原因及排除方法见表4-5。

表4-5　电喇叭的常见故障现象、原因及排除方法

故 障 现 象	故 障 原 因	排 除 方 法
按下喇叭按钮，喇叭不响	1. 喇叭电源线路断路 2. 过载或电路搭铁、短路，使保险盒（或保险丝）断开 3. 喇叭线圈烧坏或有脱焊之处 4. 喇叭触点烧蚀或触点不闭合 5. 喇叭导线端头与转向之间的接线管脱开 6. 喇叭线到按钮上的焊头脱落或接触不良 7. 喇叭继电器线圈断路、触点间隙过大，使触点不能闭合 8. 按钮接触不良或搭铁不良	1. 找出断路处，重新接好 2. 找出短路处，排除后并接通保险 3. 修理 4. 打磨触点，重新调整 5. 插紧 6. 重新焊好 7. 修理或调整 8. 修理
喇叭声音沙哑	1. 蓄电池亏电 2. 喇叭触点烧蚀接触不良 3. 膜片破裂 4. 回位弹簧钢片折断 5. 喇叭固定螺钉松动 6. 喇叭筒破裂	1. 充电 2. 清洁打磨触点 3. 更换 4. 更换 5. 紧固 6. 更换
按下按钮，喇叭不响，只发"嗒"一声，但耗电量过大	1. 调整不当，使喇叭触点不能打开 2. 喇叭触点间短路 3. 电容器或灭弧电阻短路	1. 重新调整 2. 拆开触点螺钉，更换绝缘使其正常 3. 更换
触点容易烧蚀	1. 调整不当，工作电流过大 2. 线圈匝间短路，触点电流大 3. 消弧电阻或电容器损坏	1. 重新调整 2. 修理 3. 更换

课后测试

项目四　课后测试

仪表、报警系统的电路使用与维护

任务1　农机仪表系统的电路使用与维护

引　入

　　油箱无油，但燃油表显示满油；发动机工作温度正常，但冷却液温度指示表显示在最低温度。为什么会这样？

　　要排除车的仪表故障，首先必须对车上仪表的结构、原理和控制电路有一个清晰的认识，掌握仪表电路的特点，然后根据农机电路故障诊断、检修方法，针对故障现象进行综合分析，逐步检查，找出故障点，修理并排除。

理论知识

一、认识仪表系统

　　仪表系统可以帮助驾驶员随时掌握车上主要系统的运行工程，以便及时发现、排除和避免可能出现的故障，保证车辆正常运行。车上装有各种检测仪表，如冷却液温度表（水温表）、机油压力表（油压表）、燃油表、电流表、电压表、车速里程表等。

（一）仪表

　　（1）电流表：电流表用来指示蓄电池的充放电的电流强度，监视充电系统的工作状况，如图 5-1 所示。

(2) 机油压力表：传感器所产生的脉冲电流随机油压力的不同而改变时，依次引起经指示仪表的电流和双金属片的曲率发生变化，使指针指示出机油的压力值，如图 5-2 所示。

图 5-1 电流表

图 5-2 机油压力表

(3) 转速表：转速表指针根据点火器的信号移动，指示发动机转速，如图 5-3 所示。

(4) 车速表：车速表指针根据车速传感器的信号移动，指示车辆行驶速度，如图 5-4 所示。

图 5-3 转速表

图 5-4 车速表

(5) 冷却液温度表：冷却液温度表指针根据冷却液温度传感器的信号移动，指示发动机冷却液温度，如图 5-5 所示。

(6) 燃油表：燃油表指针根据燃油传感器的信号移动，指示燃油箱的剩油量，如图 5-6 所示。

图 5-5 冷却液温度表

图 5-6 燃油表

（二）电子显示装置

农机上的电子显示装置，主要就是组合仪表。多种仪表和指示灯集中组合在仪表板上，安装于驾驶室前方。驾驶员根据仪表板上组合仪表的信息，可以了解当前拖拉机、联合收割机运行状态，及时发现异常并排除故障，文明安全的行驶。如图 5-7 为上海纽荷兰 90 马力*拖拉机仪表板。

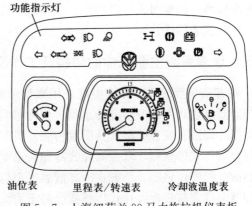

图 5-7 上海纽荷兰 90 马力拖拉机仪表板

二、仪表系统电路分析

仪表系统的一般电路如图 5-8 所示。仪表系统电路的特点可以归纳如下：

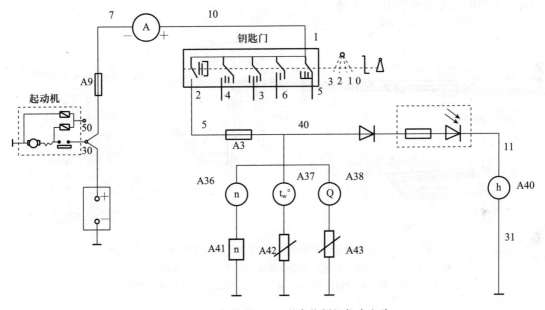

图 5-8 迪尔佳联 C230 联合收割机仪表电路

（1）所有的仪表都要受点火开关控制，当点火开关在工作挡（ON）和启动挡（ST）时，仪表与电源接通，在附件专用挡（Acc）时，仪表与电源断开。

（2）车上仪表常用双金属片式和电磁式的结构，双金属片式的表头一般只有两根线；电磁式的表头多为三根引线，其中一条接点火开关 2 接线柱，另一条线接搭铁，还有一条线接传感器。

（3）各仪表的表头与其传感器串联，燃油表、冷却液温度表一般还串有电源稳压器。

在这里需要说明的一点是，机械式仪表通常不需要与电源相接，如软轴传动的车速里程表，直接作用的弯管弹簧式制动气压表，油压表以及乙醚膨胀式水温、油温表等。这些仪表

---

* 马力为非法定计量单位 1 马力＝735.499 瓦。

读数精度较高，但要引入许多管路、软轴进入仪表盘，拆装麻烦，甚至易于泄漏，正在逐步被电子控制仪表所代替。

三、仪表系统主要元件的结构及工作原理

1. 冷却液温度表　冷却液温度表用来指示发动机冷却液的工作温度。由装在仪表板上的冷却液温度表和冷却液温度传感器（俗称感温塞）两部分组成。

根据冷却液温度表类型及其配套传感器类型的工作原理可分为：双金属片式冷却液温度表与双金属片式传感器，双金属片式冷却液温度表与热敏电阻式传感器，电磁式冷却液温度表与热敏电阻式传感器，动磁式冷却液温度表与热敏电阻式传感器四种形式。其中双金属片式冷却液温度表与双金属片式传感器已趋于淘汰。

冷却液温度表的作用是正确指示发动机冷却液的温度，正常指示值为 80～105 ℃。装在仪表板上的冷却液温度表和装在发动机上的冷却液温度传感器配合工作。

（1）双金属片式冷却液温度表与热敏电阻式传感器：双金属片式冷却液温度表与热敏电阻式传感器的工作原理如图 5-9 所示。

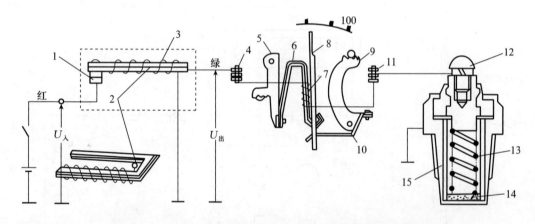

图 5-9　双金属片式冷却液温度表与热敏电阻式传感器工作原理
1. 触点　2、6. 双金属片　3. 稳压器加热线圈　4、11、12. 接线柱　5、9. 调整齿扇
7. 加热线圈　8. 指针　10、13. 弹簧　14. 热敏电阻　15. 传感器外壳

接通点火开关，电流由蓄电池正极经点火开关、稳压器触点到稳压器加热线圈后分成两路，一路直接搭铁构成回路，另一路经指示表的加热线圈、热敏电阻等构成回路。当发动机冷却液温度较低时，传感器的热敏电阻阻值大，所以电路中电流的有效值小，则温度表中双金属片弯曲变形小，使指针指向低温。当冷却液温度升高时，热敏电阻阻值变小，电路中电流的有效值变大，温度表的双金属片弯曲变形增大，使指针指向高温。

（2）电磁式冷却液温度表与热敏电阻式传感器：电磁式冷却液温度表与热敏电阻式传感器的工作原理如图 5-10 所示。

当接通点火开关时，电流一路经线圈 L_1、搭铁构成回路；另一路经线圈 L_2、传感器热敏电阻搭铁构成回路。这时 L_1、L_2 各形成一个磁场同时作用于转子，转子便在合成磁场的作用下转动，使指针指在某一刻度上。当电源电压不变时，通过 L_1 的电流不变，因而它形成的磁场强度是一个定值。而通过 L_2 的电流则取决于它串联的传感器热敏电阻值的变化。

当冷却液温度较低时，热敏电阻阻值大，L_2 中电流小，磁场弱，合成磁场主要取决于 L_1，使指针指在低温处。当冷却液温度升高时，传感器的电阻减小，L_2 中电流增大，磁场增强，合成磁场偏移，转子带动指针转动指向高温区。

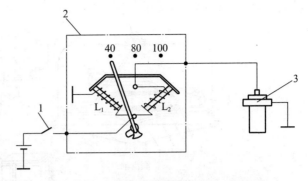

图 5-10　电磁式冷却液温度表与热敏电阻式传感器工作原理
1. 点火开关　2. 电磁式温度表　3. 热敏电阻式传感器

（3）动磁式冷却液温度表与热敏电阻式传感器：动磁式冷却液温度表与热敏电阻式传感器结构及工作原理如图 5-11 所示，主要由永久磁铁、指针永久磁铁、三个电磁线圈和安装在指针永久磁铁上的指针所组成。

不通电时，指针在永久磁铁作用下回零。接通点火开关，电流从蓄电池正极出发，经线圈和通过电阻搭铁构成回路。这时三个线圈各形成一个磁场同时作用于指针永久磁铁，指针永久磁铁便在合成磁场的作用下转动，使指针在某一刻度上。冷却液温度较低时，热敏电阻阻值大，线圈中电流小，磁场弱，合成磁场主要取决于线圈中的电流，使指针指在低温处。冷却液温度升高时，传感器的电阻减小，线圈中的电流增大，磁场增强，合成磁场偏移，转子带动指针转动指向高温处。

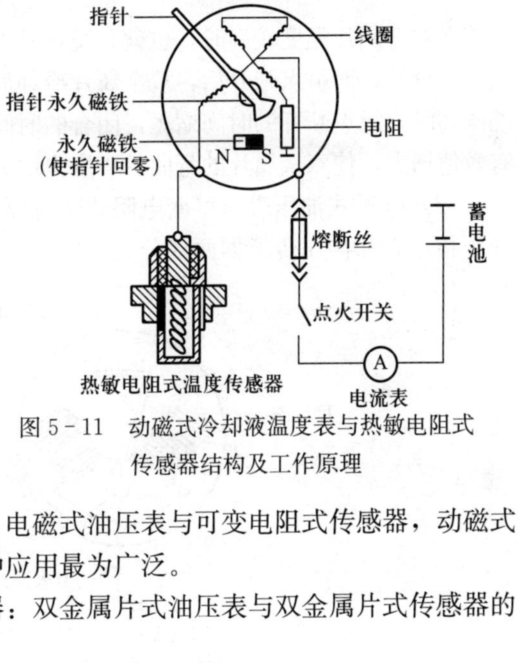

2. 机油压力表　机油压力表用来指示发动机机油压力的大小，由装在仪表板上的油压指示表和装在发动机主油道中或粗滤器上的机油压力传感器两部分组成。

图 5-11　动磁式冷却液温度表与热敏电阻式传感器结构及工作原理

机油压力表及其传感器按其工作原理可分为：双金属片式油压表与双金属片式传感器，电磁式油压表与可变电阻式传感器，动磁式油压表与可变电阻式传感器三种。其中以第一种应用最为广泛。

（1）双金属片式油压表与双金属片式传感器：双金属片式油压表与双金属片式传感器的构造与工作原理如图 5-12 所示。

当电源开关接通时，电流经指示表双金属片的加热线圈后，一路经传感器双金属片的加热线圈，另一路经校正电阻。由于电流流过双金属片上面的加热线圈，使双金属片受热变形。如果油压很低时，则传感器中的膜片几乎没有变形，这时作用在触点上的压力较小。电流通过不久，温度略有上升，双金属片就弯曲，使触点分开，电路即被切断。

经过一段时间后，双金属片冷却伸直，触点又闭合，电路又被接通。但不久触点又分开，如此循环，开关频率每分钟 5～20 次。因此当油压较低时，只要流过加热线圈较小的电流，温度略升高，触点就会分开，这样触点打开的时间长，闭合的时间短，因而电路中电流有效值小，使指示表中双金属片因温度较低而弯曲程度小，指针向右偏移角度小，即指示较低油压。当油压增高时，膜片向上拱曲，加在触点上的压力增大，双金属片向上弯曲程度增大，这样，

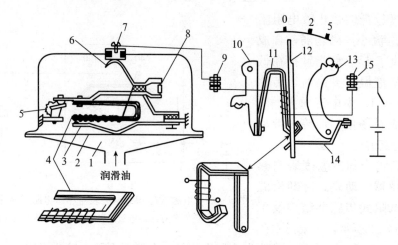

图 5-12　双金属片式油压表与双金属片式传感器构造与工作原理

1. 内腔　2. 膜片　3. 弹簧片　4. 双金属片　5. 调节齿轮　6. 接触片　7、9、15. 接线柱
8. 校正电阻　10、13. 调整齿扇　11. 双金属片　12. 指针　14. 弹簧片

只有在双金属片温度较高时，也就是绕在其上的加热线圈通过较大的电流、较长的时间后，触点才能分开，而触点张开后，双金属片冷却后回位弹力也越大，又迫使触点很快闭合。因此当油压高时，触点断开的时间缩短，闭合的时间长，此时通过绕在双金属片上的加热线圈的电流有效值增大，使双金属片的弯曲的程度也增大，于是，指针指示较高的油压。

（2）电磁式油压表与可变电阻式传感器：电磁式油压表的电路如图 5-13 所示，它包括油压指示表和油压传感器两部分。

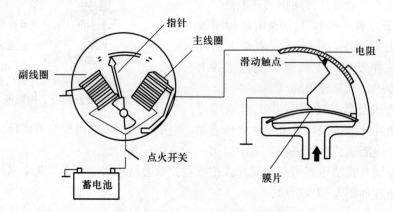

图 5-13　电磁式机油压力表与可变电阻传感器的构造与工作原理

电磁式油压指示表位于驾驶室仪表上，内有电感不同的主线圈和副线圈及指针。油压传感器则安装在发动机润滑系主油道上，内有膜片、滑动触点及电阻。当车上发动机主油道的油压增高时，油压推动膜片弯曲，使滑动触点向左移动，电阻值减小，故通过主线圈的电流增大，这时通过主线圈和副线圈的合成磁场使指针偏向右侧，指示出相应的油压。

3. 燃油表　燃油表用来指示油箱内储蓄油量的多少。它由装在仪表板上的燃油指示表和装在燃油箱内的传感器配合工作。燃油指示表有电磁式和电热式两种，现代车常用电热式燃油指示表和相配套的可变电阻式传感器，如图 5-14 所示。

当油箱无油时，传感器中的浮子处于最低位置，此时接通点火开关，电流便从蓄电池（＋）→点火开关→稳压器触点→稳压器双金属片→燃油指示表加热线圈→传感器电阻→滑片→搭铁→蓄电池（－）。由于传感器电阻全部串入电路中，流过燃油器指示表加热线圈的电流很小，所以双金属片几乎不变形。指针指在零位，表示油箱无油。

当油箱的油量增加时，传感器的浮子上浮，滑片移动，使部分电阻被接入电路，于是流入加热线圈的电流大，双金属片受热弯曲而带动指针向 1 方向摆动，指示满油箱刻度。

4. 车速里程表　车速里程表是用来指示车行驶的速度和累计所行驶的里程数。主要有磁感应式和电传动动圈式两种。

（1）磁感应式车速里程表：传统的车速里程表一般为磁感应式仪表，无电路连接，由车速表和里程表两部分组成，如图 5-15 所示，它是通过测量驱动轮的转速和转数换算出车速和里程的。其一端与软轴连接，另一端与车速里程表连接。

车速里程表由固定在转轴上的永久磁铁 1、指针 6、铝罩 2、固定在底板上的磁屏 3 和紧固在表壳上的游丝 4 等组成。车行驶时，驱动轮的转速传递给转轴，然后，由软轴带着永久磁铁旋转。

永久磁铁在金属铝罩上引起涡流，涡流磁场与永久磁铁的旋转磁场相互作用产生转动力矩，此转动力矩克服游丝弹性驱动铝罩，带动指针跟随永久磁铁转动。当铝罩的转动力矩与游丝的阻力矩相等时，铝罩停止转动，指针指示出相应的转速。车速越高，永久磁铁旋转得越快，铝罩上的涡流越大，合成磁场产生的转动力矩越大，驱使铝罩带动指针偏转的角度也越大，指针指示出的转速也越高。

里程表则经蜗轮蜗杆机构减速后用数字轮显示。车行驶时，软轴带动主动轴，并经三对蜗轮蜗杆减速后驱动里程表右边第一数字轮（第一数字轮所刻数字 1 km 或 1/10 km）并逐级向左传到其余的数字轮，累计出行使里程（最大显示里程为 999 999 km 或 99 999.9 km）。同时，里程表上的齿轮通过中间齿轮，驱动里程小计表 1/10 km 位数字轮，并向左逐级传到其余的数字轮，显示出小计里程（最大显示里程 999.9 km）。里程表和里程小计表的任何一个数字轮转动一圈就使其左边的

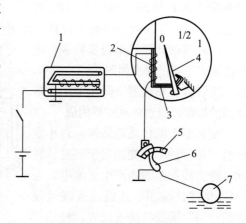

图 5-14　电热式燃油表
1. 稳压器　2. 加热线圈　3. 双金属片　4. 指针
5. 传感器电阻　6. 滑片　7. 浮子

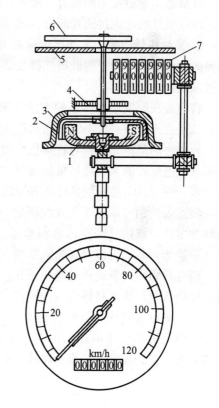

图 5-15　磁感应式车速里程表结构原理图
1. 永久磁铁　2. 铝罩　3. 磁屏　4. 盘形弹簧
5. 刻度盘　6. 指针　7. 数字轮

数字轮转动 1/10 圈，形成 1∶10 的传动比，这样就可以显示出行驶里程。当需要清除小计里程时，按一下里程小计表复位杆，即可使里程小计表的指示回零。

（2）电动动圈式车速里程表：电动动圈式车速里程表如图 5-16 所示。由二极管桥式整流器、降压电阻、带动圈的指针以及永久磁铁等构成。

变速器上的传感器就像一台小发电机。车行驶时，变速器带动磁铁转动，磁力线切割线圈产生交流电，经"M"接线柱输出，并通过连线至仪表的"M"接线柱接入仪表，经二极管整流器整流，输出直流电，该直流

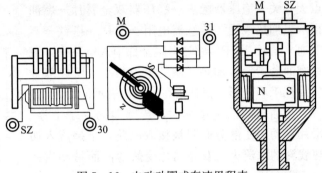

图 5-16　电动动圈式车速里程表

电流经电阻线圈和电阻，通过游丝到动圈产生磁场。这样，动圈磁场和永久磁场相互作用产生力矩，推动指针顺时针转动。速度越快，产生的力矩越大，指针偏角越大。

计数器由电磁铁不断吸合、断开，推动启动叉，启动叉不断拨动六个计数轮组成的里程表，而电磁铁的电源接通和断开由感应器中的断电器控制。

5. 发动机转速表　发动机转速表可以直观地指示出发动机的转速，是发动机工况信息重要的指示装置，便于驾驶员选择发动机最佳速度范围，把握好车速和换挡时机，以获得发动机最佳经济运转。

转速表获取发动机转速的方法主要有两种：一是转速传感器输出的脉冲（或交变）信号，二是点火线圈一次电流中断时产生的脉冲信号（只限于汽油机）。

转速表的基本原理：对转速信号进行处理后，用电流（或电压）的大小通过机械指针式仪表将转速显示出来。图 5-17 是发动机转速表原理图。

转速表的信号取自于点火线圈的一次电流中断时的脉冲电流，该信号经整形电路整形后，加至频率/电压变换器，其输出信号与输入信号等频、等幅、等宽，而且其频率与发动机转速成正比。所以，当发动机转速较低时，该电路整流后的输出电压值就低，流过毫安表的电流就小，指针偏转小，指示低转速值。反之，整流后的输出电压值就高，流过毫安表 A 的电流就大，指针偏转大，指示高转速值。

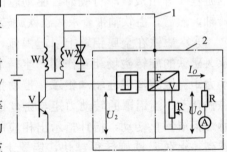

图 5-17　发动机转速表原理图
1. 脉冲整形电路　2. 频率电压变频器

技能训练

农机仪表系统的结构认识与故障检修

【技能点】

★认识农机仪表系统在车上的安装位置

★了解农机仪表系统电路故障的检查方法

【技能训练准备】

1. 设备及工具准备　拖拉机整车两台、联合收割机两台、数字万用表四个、直流试灯四个、常用工具若干等。

2. 学生实习准备　根据学生的人数，分成四组，确定每组的小组长。

【技能训练步骤】

一、拖拉机、联合收割机仪表系统在实车上的认识

集中学生，对照实车介绍水温表、机油表、燃油表、转速表等元件的位置，并进行各仪表工作情况的演示。

二、仪表电路检测方法认识

(1) 展示仪表控制电路线路图，如图 5-8 所示。

(2) 对照电路图分析仪表工作电路走向。

(3) 仪表电路检测：根据线路的控制原理，可以利用分段法进行检测。

三、仪表的使用注意事项

1. 油压表

(1) 油压表必须与其配套设计的稳压器、传感器配套使用。

(2) 油压表安装时必须注意接线柱的绝缘应良好，拆卸时不要敲击或磕碰。

(3) 双金属片式机油压力传感器安装时，一定要使传感器上的箭头符号向上并与垂直中心线的夹角小于30°。

(4) 弹簧管式油压表安装时必须保证管口的密封，以防漏油。

2. 燃油表

(1) 燃油表必须与其配套的稳压器、传感器配套使用。

(2) 燃油表的接线必须连接可靠，不得与金属导体相接触。

(3) 两接线柱式燃油表，一般情况下应将上接线柱与电源线相连，下接线柱与传感器相连。

3. 水温表

(1) 水温表必须与其配套的稳压器、水温传感器配套使用。

(2) 水温表与水温传感器安装时，必须注意连接线柱的绝缘，同时必须保证各线可靠，并不得与金属体相碰。

(3) 水温表和水温传感器拆卸时不要敲打和碰撞。

4. 电流表

(1) 根据不同型号的拖拉机、联合收割机使用不同型号的发电机，配用不同量程的电流表。电流表的量程有 $-20 \sim +20$ A、$-30 \sim +30$ A 等。

(2) 电流表应与蓄电池串联且接线时极性不可接错。若车为负极搭铁，即蓄电池的负极接搭铁，电流表的"－"接线柱与蓄电池的正极相连，电流表的"＋"接线柱与发电机的"B"接线柱相连。

(3) 电流表只允许通过小电流，一般长时间连续工作的小电流可经电流表，而短时间断

续用电设备的大电流，如启动机、转向灯、电喇叭等均不通过电流表。

5．车速表

（1）软轴与车速表以及变速器或分动器的输出轴连接牢固可靠。

（2）软轴安装时应有一定的纵向间隙，并有足够大的曲率半径。

四、仪表系统元件检测

1．机油压力表的检测试验

（1）检测机油压力指示表与机油压力传感器的电阻值：用万用表检测指示表内的线圈和机油压力传感器的电阻值，其值应该符合原制造厂的规范，否则应更换，并做好记录。

（2）机油压力表与机油压力传感器的校验：如图 5-18 所示，将被测试机油压力传感器 3 装在小型手摇油压机 1 上，并与被测试油压表 4 连接，接通开关 5，摇转手柄改变油压，当被测试油压表 4 的压力分别为 0、2、5 MPa 时，其油压表 2 的压力也相应地指示为 0、2、5 MPa 时，则证明被测试油压表与被测试传感器工作正常，否则应予以调整或更换。

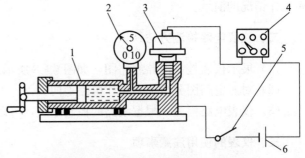

图 5-18　油压表与传感器的校验

1．手摇油压机　2．油压表　3．被测试传感器
4．被测试油压表　5．开关　6．蓄电池

（3）机油压力表与机油压力传感器的调整：电磁式、动圈式机油压力表可通过改变左右线圈的轴向位置或夹角来调整，双金属片式油压表可通过拨动表中的齿扇来调整。调整双金属片式油压传感器可在传感器之间串入电流表。若油压为零压力时，传感器输出电流过大或过小，应烫开被测试传感器的调整熔孔 10，拨动调整齿扇 5 进行调整。油压传感器如图 5-19 所示。

若油压过高时，输出电流较规定值偏低应更换传感器的校正电阻 8（一般在 30～360 Ω 范围内进行调整），如在任何压力下，输出电流均超过规定值，且调整齿扇无效时，应更换传感器。

（4）机油压力表的检测：检测机油压力表时，将被测的机油压力表串联在机油压力表的检测电路中，如图 5-20 所示。接通开关，调整可变电阻，当毫安表分别指在 65 mA、175 mA、

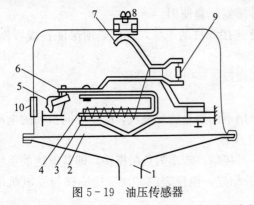

图 5-19　油压传感器

1．油腔　2．膜片　3．弹簧片　4．双金属片　5．调整齿扇
6．接触片　7．接线柱　8．校正电阻　9．电阻　10．熔孔

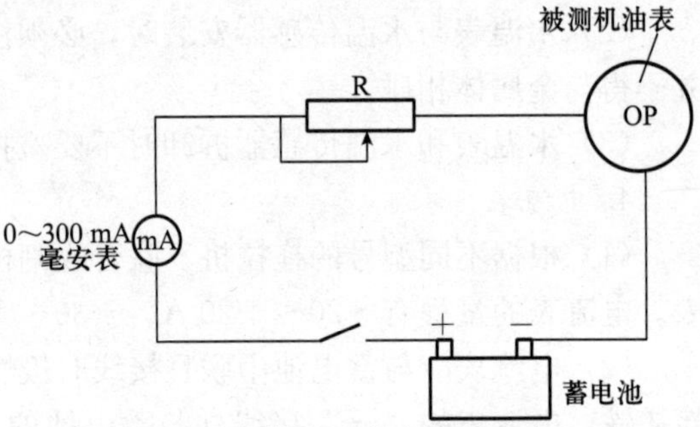

图 5-20　机油压力表检测电路

240 mA 时，机油压力表应对应指示在"0"、"2"和"5"。若在"0"位有偏差，可调节机油压力表内部左侧齿扇，使其指针对准"0"；若在"5"位上不准，应转动机油压力表内部右侧调整齿扇，使其指针摆到"5"的刻线上。

几种车型的双金属片油压表的检测规范见表 5-1。

表 5-1　几种车型的双金属片油压表的检测规范

车　　型	指示表的读数/MPa	标准电流表的指示数/mA	电流指示数的允许偏差/mA
解放 CA1091	0	65	±5
	0.2	175	±3
	0.5	240	±10
东风 EQ1090	0	30	±2.5
	0.3	62.5	±1.5
	0.7	90	±4

2. 燃油表的检测

（1）燃油表与传感器的测量：用万用表分别测量燃油表线圈和传感器电阻值，均应符合制造厂的规定，不符合标准应维修或更换。

（2）燃油表与传感器的检测与调整：先将被测指示表与标准传感器按图 5-21 所示接线，然后闭合开关 S，将标准传感器的浮子杆与垂直轴线分别成 31°和 89°时，指示表必须对应指在"0(E)"和"1(F)"的位置上，其误差不得超过±10%，否则应予以调整。

若电磁式、动磁式指示表不能指到"0(E)"时，可上下移动左铁芯的位置进行调整；若不能指到"1(F)"

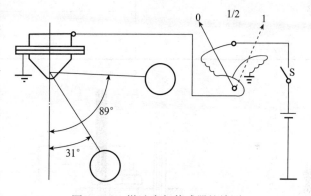

图 5-21　燃油表与传感器的检测

时，可上下移动右铁芯的位置进行调整，或更换新表。

若双金属片式指示仪表不能指到"0(E)"或"1(F)"时，可转动调整齿扇进行调整。

若使用标准指示仪表检测传感器超过误差值时，可改变滑动触片与电阻的相应位置进行调整，或更换新传感器。

3. 水温表的检测

（1）水温表与水温传感器的测量：用万用表分别测量水温表线圈和水温传感器电阻值，均应符合制造厂的规定，不符合标准应维修或更换。

（2）水温指示表的检测与调整：对于双金属片式水温表可将被测试指示表串接在如图 5-22 所示的电路中。接通开关，调节可变电阻 R，当毫安表指示 80 mA、160 mA、240 mA 时，指示表应相应指在 100、80、40 ℃的位置上，且其误差不应超过 20%。若指示值与规定电流不符，应予以调整。若指针在 100 ℃时不准，可拨动左调整齿扇进行调整。若指针在 40 ℃时不准，可拨动右齿扇进行调整，使其与标准值相符，各中间点可不必校验。

（3）水温表与水温传感器的校验：水温传感器的检查方法如图 5-23 所示，可将被检查的水温传感器装进正在加热的水槽 1 中，并与标准的水温表 6 串联，然后接入电源。当电源开关 5 闭合后，将水槽中的水分别加热至 40 ℃ 和 100 ℃ 时（此时水温由插入水槽中的标准水银温度计测量），保温 3 min。若观察到与传感器串联的标准水温表也分别示出 40 ℃ 和 100 ℃，则表明该水温传感器的工作正常，否则应更换传感器。

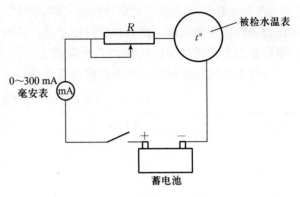

图 5-22　水温指示表的检测

水温表的允许误差数据见表 5-2。

表 5-2　水温表的允许误差数据

测量范围/℃	检测温度值/℃	允许误差/℃
40～120	100	±4
	80	±5
	40	±10

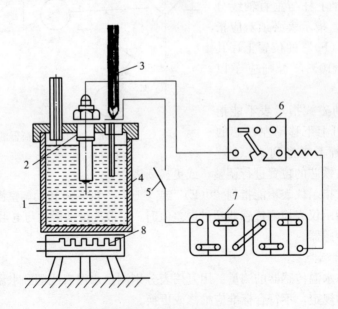

图 5-23　水温传感器的检查

1.加热槽　2.被试传感器　3.水银温度计　4.热水　5.开关　6.标准水温指示表　7.蓄电池　8.加热电炉

4.电流表的检测

（1）电流表的检验：将被测试电流表与标准直流电流表（−30～＋30 A）及可变电阻串联在一起，比较两个电流表的读数，若读数差不超过 20％，则可认为被测试电流表工作正常。

（2）电流表的调整：若被测试电流表读数偏高，以充磁法进行调整的方法有两种：一种是永久磁铁法，即用一个磁力较强的永久磁铁的磁极与电流表永久磁铁的异性磁极接触一段时间以增强其磁性；另一种是电磁铁法，即用一个"Ⅱ"字形电磁线圈通以直流电，然后和电流表的永久磁铁的异性磁极接触3～4s，以增强其磁性。

五、仪表的常见故障及排除方法

1. 油压表常见故障现象、原因及排除方法见表5-3。

表5-3 油压表常见故障现象、原因及排除方法

故 障 现 象	故 障 原 因	排 除 方 法
发动机工作，指针指示在"0"不偏转	1. 线路故障 2. 油压表有故障 3. 传感器有故障 4. 缺油	1. 更换导线或重新连接 2. 修复或更换油压表 3. 更换传感器 4. 注油
接通点火开关，指针既开始移动	1. 传感器有故障 2. 表有故障 3. 线路故障	1. 更换传感器 2. 更换油压仪表 3. 检查线路
指针指示不正确	1. 接线柱连接不良 2. 指示表电热线圈烧坏 3. 指示表十字交叉线圈内部短路或断路 4. 传感器安装位置不对	1. 重接或修复 2. 更换 3. 更换 4. 正确安装

2. 燃油表常见故障现象、原因及排除方法见表5-4。

表5-4 燃油表常见故障现象、原因及排除方法

类 型	故障现象	故 障 原 因	排 除 方 法
电磁式、动磁式燃油表	接通点火开关，无论油箱存油多少指在"0(E)"处不动	1. 燃油表极性接反 2. 传感器内部搭铁或浮子损坏 3. 燃油表指针卡死及内部电磁线圈断 4. 指示表电源线断路	1. 重接 2. 检修或更换传感器 3. 更换燃油表 4. 重接或更换
双金属片电热式燃油表		1. 传感器损坏或搭铁不良 2. 传感器至燃油表间线路有断路或接线头接触不良 3. 燃油表电源线断脱，电热线圈断路	1. 更换传感器或重装 2. 更换导线或重新接线 3. 重新或换导线更换燃油表
电磁式、动磁式燃油表	接通点火开关，无论油箱存油多少燃油表指针均指在"1(F)"处	1. 传感器损坏或接触不良 2. 燃油表至传感器间线路断路 3. 燃油表传感器接线柱与电磁线圈脱焊或接触不良	1. 更换传感器或重装 2. 更换导线 3. 更换燃油表
双金属片电热式燃油表		1. 传感器内部搭铁 2. 燃油表至传感器间线路搭铁 3. 燃油表内部短路	1. 更换传感器 2. 更换导线或检修 3. 更换燃油表

3. 水温表常见故障现象、原因及排除方法见表5-5。

表5-5　水温表常见故障现象、原因及排除方法

类　型	故障现象	故障原因	排除方法
双金属片电热式水温表	接通点火开关，水温表指示不动或指示数值偏高	传感器损坏或搭铁不良	修理或更换传感器
电磁式、动磁式水温表	接通点火开关，水温表指示不动或指示数值偏低	1. 电源接线断路 2. 水温表、传感器间的线路断路 3. 水温指示表电热线圈烧坏或断路	1. 重新接线 2. 更换连接线 3. 更换指示表
双金属片电热式、电磁式、动磁式水温表	1. 接通点火开关，指针指示数值偏低 2. 接通点火开关，指针指向最高值	1. 指示表至传感器之间连线有搭铁 2. 传感器内部搭铁	1. 修理或更换导线 2. 更换传感器
	指针指示数值不正确失准	1. 指示表与传感器未正确配套 2. 指示表与传感器性能不良	1. 必须配套 2. 检查或更换

4. 电流表常见故障现象、原因及排除方法见表5-6。

表5-6　电流表常见故障现象、原因及排除方法

故障现象	故障原因	排除方法
指针转动不灵活	润滑油老化变质，轴针过紧	适量添加润滑油
指针有时转动，有时停滞	接线螺栓的螺母松动，接触不良	紧固接线螺栓的螺母
指示值过高	储存或使用过久，永久磁铁磁性减弱	以充磁法进行调整
电流表不摆动	电流过大，接线螺栓与罩壳或车架搭铁烧坏仪表	查找和排除故障根源，并更换仪表
电流表指针抖动	表针阻尼性差，调节器调节电压不稳，发电机电刷接触不良	调节表针阻尼性，检修发电机和调节器

5. 电压表常见故障现象、原因及排除方法见表5-7。

表5-7　电压表常见故障现象、原因及排除方法

故障现象	故障原因	排除方法
电压表无指示	1. 仪表线路熔断器熔断 2. 电压表损坏 3. 导线断路	1. 更换熔断器 2. 更换电压表 3. 连接导线
电压表指示过高	1. 调节器损坏 2. 电压表失灵	1. 更换调节器 2. 校准电压表
电压表指示过低	1. 调节器损坏 2. 发电机不发电或输出功率不足 3. 电压表失调 4. 发电机输出电路有搭铁	1. 更换调节器 2. 检修发电机，调节风扇皮带紧度 3. 校准电压表 4. 拆除搭铁

6. 车速里程表常见故障现象、原因及排除方法见表 5-8。

表 5-8　车速里程表常见故障现象、原因及排除方法

故 障 现 象	故 障 原 因	排 除 方 法
车速表和里程表指针均不动	1. 主轴减速机构中的蜗杆或蜗轮损坏使软轴不转 2. 主轴处缺油或氧化而卡住不动 3. 软轴或软管断裂 4. 表损坏 5. 转轴方孔或软轴的方轴被磨圆 6. 软轴与转轴或主轴连接处松脱	1. 更换零件 2. 清除污物加润滑油 3. 更换 4. 更换 5. 更换转轴或软轴 6. 连接牢靠
车速表和里程表指示失灵	1. 永久磁铁的磁性急减或消失 2. 游丝折断或弹性急减 3. 里程表蜗杆磨损	1. 充磁 2. 更换 3. 更换
车速表指针跳动、不准而里程表正常	1. 指针轴磨损或已断 2. 指针轴转轴的轴向间隙过大 3. 感应罩与磁铁相碰 4. 游丝失效或调整不当 5. 软轴与转轴或变速器、分动器的输出端的结合处时接时脱 6. 软轴安装状态不符合要求,某处弯曲度大	1. 更换 2. 调整 3. 检修 4. 更换游丝或重调 5. 重装或更换 6. 改变安装或更换
工作时间发出异响	1. 软轴过于弯曲、扭曲 2. 软轴与转轴、变速器或分动器的输入端润滑不良 3. 各级蜗轮蜗杆润滑不良 4. 磁钢与感应罩相碰	1. 更换软轴 2. 加润滑油 3. 加润滑油 4. 检修
车速表工作正常而里程表工作不良	1. 减速蜗轮蜗杆啮合不良 2. 计数轮运转不良	1. 更换 2. 更换
里程表走而车速表不走	1. 感应罩或指针卡住 2. 磁铁失效	1. 检修 2. 充磁

任务 2　农机报警系统的电路使用与维护

引　入

　　一辆拖拉机经修复后出现的现象:打开点火开关,组合仪表各种指示灯、指针都显示正常,启动发动机后仪表显示也正常,可当点火开关关闭后,仪表上的各种报警指示灯便开始以间隔大约 1s 的时间不停地快速闪烁,各种表的指针也开始上下不停的跳动,而且指针的跳动频率是和各种指示灯的闪烁是同步的。拆掉蓄电池负极接线柱再装上,仪表恢复正常,当点火开关打开一下又关闭后上述现象又会重现。为什么会这样?

要排除车的这种故障,首先必须对车上报警电路的结构、原理有一个清晰的认识,掌握报警电路的特点,然后根据农机电路故障诊断、检修方法,针对故障现象进行综合分析,逐步检查,找出故障点,修理并排除。

理论知识

一、认识报警系统

报警系统能够提供驾驶员操作信息或给出系统故障警示。报警灯通常安装在仪表上,灯泡功率一般为 1~4 W,在灯泡前设有滤光片,使报警灯发红光或黄光,滤光片上通常有标准图形符号,常见的报警灯图形符号及作用见表 5-9。

表 5-9　常见报警灯图形符号及作用

图形及名称	作　用
充电指示灯	该指示灯用来显示蓄电池使用状态。打开钥匙门,车辆开始自检时,该指示灯点亮。启动后自动熄灭。如果启动后充电指示灯常亮,说明该蓄电池出现了使用问题,需要更换
机油指示灯	该指示灯用来显示发动机内机油的压力状况。打开钥匙门,车辆开始自检时,指示灯点亮,启动后熄灭。该指示灯常亮,说明该车发动机机油压力低于规定标准,需要维修
水温指示灯	该指示灯用来显示发动机内冷却液的温度,钥匙门打开,车辆自检时,会点亮数秒,后熄灭。水温指示灯常亮,说明冷却液温度超过规定值,需立刻暂停行驶。水温正常后熄灭
刹车盘指示灯	该指示灯是用来显示车辆刹车盘磨损的状况。一般,该指示灯为熄灭状态,当刹车盘出现故障或磨损过度时,该灯点亮,修复后熄灭
驻车指示灯	该指示灯用来显示车辆手刹的状态,平时为熄灭状态。当手刹被拉起后,该指示灯自动点亮。手刹被放下时,该指示灯自动熄灭。有的车型在行驶中未放下手刹会伴随有警告音

（续）

图形及名称	作　用
燃油指示灯	该指示灯用来显示车辆内储油量的多少，当钥匙门打开，车辆进行自检时，该燃油指示灯会短时间点亮，随后熄灭。如启动后该指示灯点亮，则说明车内油量已不足，请加油
远光指示灯	该指示灯是用来显示车辆远光灯的状态。通常的情况下该指示灯为熄灭状态。当驾驶员点亮远光灯时，该指示灯会同时点亮，以提示驾驶员，车辆的远光灯处于开启状态
转向指示灯	该指示灯是用来显示车辆转向灯所在的位置。通常为熄灭状态。当驾驶员点亮转向灯时，该指示灯会同时点亮相应方向的转向指示灯，转向灯熄灭后，该指示灯自动熄灭
洗涤液指示灯	该指示灯是用来显示车辆所装玻璃清洁液的多少，平时为熄灭状态，该指示灯点亮时，说明车辆所装载玻璃清洁液已不足，需添加玻璃清洁液。添加玻璃清洁液后，指示灯熄灭
示宽指示灯	该指示灯是用来显示车辆示宽灯的工作状态，平时为熄灭状态，当示宽灯打开时，该指示灯随即点亮。当示宽灯关闭或者关闭示宽灯打开大灯时，该指示灯自动熄灭
空滤器堵塞指示灯	该指示灯持续亮表示空气滤清器堵塞或部分堵塞。停下车，保养空气滤清器，以防发动机损坏
预热指示灯	当由钥匙启动开关接通预热启动装置时该灯亮，说明车辆进行预热
四轮驱动指示灯	当拖拉机前后轮都有动力时该灯会亮

(续)

图形及名称	作 用
差速锁指示灯	当差速锁处于结合状态时，该灯会亮
发动机自检灯	该指示灯用来显示车辆发动机的工作状况，当打开钥匙门，车辆自检时，该指示灯点亮后自动熄灭，如常亮则说明车辆的发动机出现了机械故障，需要维修
第一挂车指示灯	如果连接有挂车该灯会与拖拉机/挂车的转向信号灯一起闪烁
油位过低指示灯	该灯持续亮表示制动器/离合器油液油位太低，发动机应熄火并查明原因

二、报警系统电路分析

报警系统的一般电路如图 5-24 所示。报警系统电路的特点可以归纳如下：

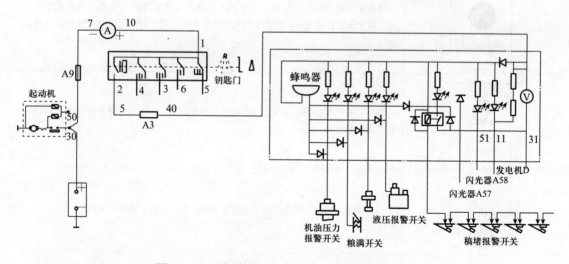

图 5-24 迪尔佳联 C230 联合收割机报警系统电路

（1）报警系统电路均由两个开关控制，即点火开关和各自的控制开关。

（2）各报警指示灯与各自控制开关串联。

（3）所有的报警信号灯都集中设在仪表板总成上。

（4）驻车制动开关安装在停车制动操纵杆支架上，由驻车制动操纵杆控制。

三、报警系统主要元件的结构及工作原理

1. 燃油油位报警灯 当燃油箱内燃油量多时，热敏电阻元件浸没在燃油中，散热快，其温度较低，电阻值大，报警灯处于熄灭状态。当燃油减少到规定值以下时，热敏电阻元件露出油面，散热慢，温度升高，电阻值减小，电路中电流增大，则报警灯发亮，提醒驾驶员及时加油。如图 5-25 所示。

2. 冷却液温度报警灯 冷却液温度报警灯的电路如图 5-26 所示，冷却液正常时，传感器因感温低，双金属片几乎不变形，触点分开，报警灯不亮。如果冷却液温度升高到 95 ℃以上时，双金属片则由于温度高而弯曲，使触点闭合，红色报警灯便通电发亮，以警告驾驶员采取适当降温措施。

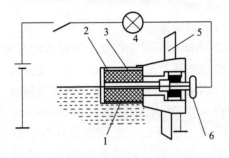

图 5-25 燃油低油位报警灯电路
1. 热敏电阻 2. 防爆金属 3. 外壳 4. 报警灯
5. 油箱外壳 6. 接线柱

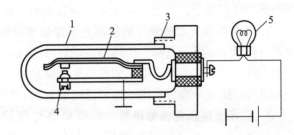

图 5-26 冷却液报警灯电路
1. 水温报警传感器套筒 2. 双金属片 3. 螺纹接头
4. 静触点 5. 报警灯

3. 制动系统监控报警灯 制动器报警灯的电路如图 5-27 所示，主要由传感器和报警灯组成。点火开关接通时为制动器报警灯提供电源。当制动液液位降低时，内置的永磁磁环的浮子同时下降，液位传感器内的舌簧开关闭合，使制动器报警灯负极搭铁，制动器报警灯点亮提示制动系统有故障。

4. 机油压力报警灯 弹簧管式机油压力报警灯的电路如图 5-28 所示。它由装在发动机主油道的弹簧管式传感器和装在仪表板上的红色报警灯组成。传感器为盆形，内有管形弹簧，它的一端经管接头与润滑系主油道相通，

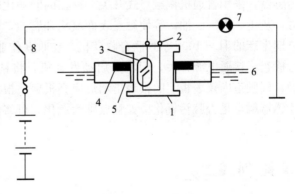

图 5-27 制动器报警灯电路
1. 舌簧开关外壳 2. 接线柱 3. 舌簧开关 4. 永久磁铁
5. 浮子 6. 制动液面 7. 报警灯 8. 点火开关

另一端固定着动触点，静触点经接触片与接线柱相连。

当机油压力低于允许值时，弹簧管变形很小，触点闭合，接通电路，报警灯亮，警告驾驶员机油压力不正常。当机油压力超过允许值时，弹簧管变形很大，使触点分开，切断电路，报警灯熄灭，说明润滑系工作正常。

5. 空气滤清器堵塞报警信号电路 空气滤清器堵塞传感器为薄膜常开触点式，安装在空气滤清器管道上。当空气滤清器长时间没有保养，内部灰尘比较多，发动机进气管道内部真空度很大，空气压力作用在传感器膜片上，使传感器触点闭合，接通空气滤清器堵塞指示灯和讯响器电路，指示灯和讯响器报警。

6. 液压油滤清器堵塞报警信号电路 液压油滤清器堵塞传感器为薄膜常开触点式，安装在液压油滤清器结合体上，用导线与报警指示灯相连，如果液压油回路上的液压油滤清器堵塞，液压油的压力会升高，压力作用在传感器中的膜片上，使传感器触点闭合，接通指示灯和讯响器电路，指示灯和讯响器报警。

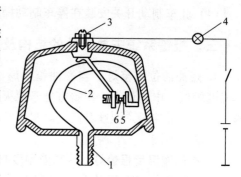

图 5-28 弹簧管式机油压力报警灯电路
1. 报警灯 2. 传感器接线柱 3. 管形弹簧
4. 固定触点 5. 活动触点 6. 油管接头

7. 离合器及制动器油箱油量不足报警信号电路 制动器油箱固定在杂余升运器的左侧，油箱中有浮子，浮子上端与传感器的触点开关相连，传感器开关安装在油箱盖上。当油量发生变化时，浮子也上下浮动，如果油量下降到离合器及制动器不动作时，浮子使传感器触点开关闭合，接通报警信号指示灯和讯响器电路，报警指示灯和讯响器报警。

8. 秸秆堵塞报警信号电路 秸秆堵塞传感器是常开触点开关，分别安装在联合收获机不同部位，接线采用并联连接，当任一部位堵塞时，相应的传感器开关闭合，使继电器线圈通过电流，继电器触点吸合，使讯响器发出报警信号，并使秸秆堵塞指示灯亮报警。

在秸秆堵塞报警信号电路方面，早期生产的 JL-1000 系列联合收获机的秸秆堵塞报警传感器，采用普通机械触点式开关，存在的问题比较多。主要是由于联合收获机工作环境恶劣，灰尘、水气、油污等使触点表面氧化和腐蚀，触点接触不良，电路不能接通。因此对于早期生产的 JL-1000 系列联合收获机，在收获作业以前，应对秸秆堵塞报警传感器触点进行检查，接通电源开关，但不要启动发动机，将秸秆堵塞报警传感器触点推合，使触点接触，驾驶室内仪表板上的报警指示灯应亮报警。报警指示灯不亮，应重点检查秸秆堵塞报警传感器触点是否脏污氧化。如触点脏污氧化，可将触点打磨干净，使触点接触良好。

技能训练

农机报警系统的结构认识与故障检修

【技能点】

★认识农机报警系统在车上的安装位置

★应知农机报警系统电路故障的检查方法

【技能训练准备】

1. 设备及工具准备 拖拉机整车两台、联合收割机两台、数字万用表四个、直流试灯四个、常用工具若干等。

2. 学生实习准备　根据学生的人数，分成四组，确定每组的小组长。

【技能训练步骤】

一、拖拉机、联合收割机报警系统在实车上的认识

集中学生，对照实车介绍常见报警指示灯在车上的位置，并进行各报警工作情况的演示。

二、报警系统电路检测方法认识

（1）展示报警控制电路线路图，如图 5-24 所示。

（2）对照电路图分析报警工作电流走向。

（3）报警系统电路检测：根据线路的控制原理，可以利用分段法进行检测。

三、常见故障及排除方法

（一）冷却液温度报警灯常亮检修

1. 故障现象　拖拉机在行驶过程中，无论是冷态还是热态，冷却液报警灯常亮。

2. 故障原因

（1）储液罐中冷却液液面过低；

（2）冷却液液位开关故障；

（3）冷却液温度报警开关故障；

（4）报警灯线路有搭铁处。

3. 故障诊断与排除

（1）检查发动机冷却液温度是否真的过高以及储液罐液面是否过低。

（2）上述检查都正常，拔下储液罐液位开关插头。如果报警灯熄灭，说明液位开关有故障。

（3）如果报警灯仍然亮，接好液位开关插头，拔下冷却液温度报警开关插头。如果报警灯熄灭，说明冷却液温度报警开关有故障；如果报警灯仍然亮，说明线路有搭铁处。

（二）制动系统监控报警灯常亮检修

1. 故障现象　在放开驻车制动杆的情况下，制动报警灯仍亮。

2. 故障原因

（1）制动液液面过低；

（2）制动液液位开关有故障；

（3）驻车制动开关有故障；

（4）报警灯线路有故障。

3. 故障诊断与排除

（1）检查制动液液面是否过低。

（2）如果液面正常，拔下制动液位开关插头；如果报警灯熄灭，说明制动液液位开关有故障。

（3）如果报警灯仍然亮，拔下驻车制动开关插头。如果报警灯熄灭，说明驻车制动开关有故障；如果报警灯仍然亮，说明线路有搭铁处。

（三）机油压力报警灯常亮故障的检修

1. **故障现象**　拖拉机（联合收割机）在行驶过程中，发动机机油压力报警灯常亮。

2. **故障原因**

① 机油压力报警开关故障；

② 润滑油路压力达不到规定要求；

③ 线路故障。

3. **故障诊断与排除**　当出现机油压力报警灯常亮故障时，首先要区分是润滑系统故障还是报警系统自身故障，通常采用测量油压的方法进行诊断。

① 用二极管测试灯接到蓄电池正极及低压开关之间时，发光二极管被点亮。启动发动机，慢慢提高转速，压力达到 15～45 kPa 时，发光二极管必须熄灭，若不熄灭则说明低压开关有故障。再令发动机怠速运转，机油压力应大于 45 kPa，发光二极管应熄灭，若压力低于 15 kPa 则说明润滑系统有故障。

② 将二极管测试灯连接到高压开关上，慢慢提高发动机转速。当机油压力达到 160～200 kPa 时，发光二极管必须亮，若不亮则说明高压开关有故障。进一步提高转速，转速达到 2 000 r/min 时，油压至少应达到 200 kPa，若达不到则说明润滑系统有故障。

通过上面检查，若润滑系统和机油开关都正常，但报警灯常亮的故障仍存在，应按电路图检查线路故障。

检查时要注意：低压报警开关线路是在搭铁短路时报警灯亮，应重点检查有无搭铁；而高压报警开关线路是在断路且发动机转速超过 2 000 r/min 时报警灯亮，应重点检查有无断路。

（四）燃油量报警装置故障的检修

燃油量报警装置的常见故障现象、原因及排除方法见表 5-10。

表 5-10　燃油量报警装置的常见故障现象、原因及排除方法

故障现象		故障原因	排除方法
接通电源无论油箱中存油多少，指示灯均亮	热敏电阻式	1. 传感器内部搭铁 2. 指示灯至传感器间导线搭铁	1. 更换传感器 2. 更换导线
	晶体管式	1. 传感器损坏或搭铁不良或燃油表间的线路断路 2. 电子线路有故障	1. 更换传感器或导线或重新装好 2. 检修或更换线路
	电子式	1. 传感器内部搭铁或传感器与燃油表间导线搭铁 2. 电子线路有故障 3. 燃油表内部或电源线断脱	1. 更换传感器或更换导线 2. 检修更换线路 3. 连好断脱导线
接通电源无论油箱中存油多少，指示灯均不亮	热敏电阻式	1. 传感器损坏或搭铁不良 2. 指示灯损坏或至传感器间有短路	1. 更换传感器或重新装好 2. 更换指示灯或导线
	电子式	1. 传感器损坏或搭铁不良 2. 传感器至燃油表间有断路 3. 电子线路有故障或指示灯损坏	1. 更换传感器重新装好 2. 更换导线 3. 更换导线或指示灯
	晶体管式	1. 传感器内部或至燃油表间导线搭铁 2. 指示灯损坏或电子线路有故障 3. 电源线断脱或燃油表损坏（短路）	1. 更换传感器导线 2. 更换指示灯或检修电子线路 3. 连接好断脱处或更换燃油表

课后测试

项目五　课后测试

辅助电路的使用与维护

任务 1　农机刮水器电路的使用与维护

引　入

　　下雨了，但拖拉机（联合收割机）上刮水器所有挡位都不工作，怎么办？

　　拖拉机（联合收割机）刮水器常见的故障有刮水器不工作、间断性工作、持续操作不停及刮水片不能复位等。要对电动刮水器进行检修，必须掌握电动刮水器的组成、结构和控制原理。

理论知识

一、电动刮水器的组成与分类

　　刮水器的作用是用来清除风窗玻璃上的雨水、雪或尘土，以保证驾驶员的良好视线。刮水器由刮水片和驱动装置组成。因驱动装置的不同，刮水器可分为电动刮水器、气动刮水器和机械式刮水器。

　　现代车上广泛采用的是电动刮水器。电动刮水器通常由电动机、传动机构、控制装置和刮水片等组成，如图 6-1 所示。直流电动机旋转时，带动蜗杆蜗轮转动，与蜗轮相连的曲柄将旋转运动转换为往复运动，并通过摆臂带动刮水片做往复运动，橡皮刷便可刷去风窗玻璃上的雨水、雪和尘土。

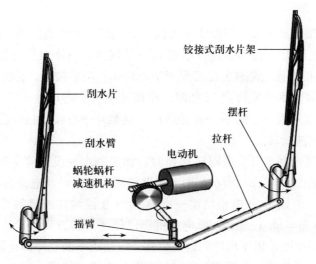

图6-1 电动刮水器结构示意图

电动刮水器通常装有自动复位装置，以便在任意时刻关闭刮水器电路时，刮水片均能自动停在风窗玻璃的下侧。

二、永磁式刮水电动机的变速和刮水片自动复位原理

永磁式刮水电动机的变速是利用直流电动机变速原理来实现的，主要改变电动机磁极磁通的强弱，或者改变两电刷之间的绕组数多少来实现。刮水片自动复位就是指在切断刮水器开关时，刮水片能自动停止在风窗玻璃的下部，以免影响驾驶员的视线。

刮水器开关是用来控制电动机电路通断及变速的，有推拉式和旋转式。刮水器开关有R、L、H三个挡位，四个接线柱，Ⅰ接线柱接复位装置，Ⅱ接线柱接电动机的低速电刷，Ⅲ接线柱搭铁，Ⅳ接线柱接电动机高速电刷。铜环式刮水器的控制电路和自动复位装置如图6-2所示。

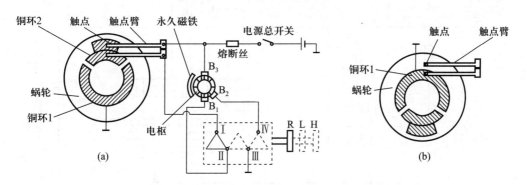

图6-2 铜环式刮水器的控制电路和自动复位装置

自动复位装置是在减速蜗轮（由塑料或尼龙材料制成）上，嵌有铜环1和2。此铜环分为两部分，其中铜环1与电动机外壳相连（为搭铁）。触点臂用磷铜片或其他弹性材料制成，

其一端铆有触点。由于触点臂具有一定弹性，因此在蜗轮转动时，触点与蜗轮的端面和铜环1和2保持接触。

1. 低速运转　接通总开关，将刮水开关拉到 L 挡时，电流通路为：蓄电池（＋）→电源总开关→熔断丝→电刷 B_3→电枢绕组→电刷 B_1→Ⅱ接线柱→接触片→Ⅲ接线柱→搭铁→蓄电池（一）。这时电枢在永久磁铁的磁场作用下而转动。磁通较强，转速较低。

2. 高速运转　将刮水开关拉到 H 挡时，电流通路为：蓄电池（＋）→电源总开关→熔断丝→电刷 B_3→电枢绕组→电刷 B_2→Ⅳ接线柱→接触片→Ⅲ接线柱→搭铁→蓄电池（一）。构成回路，电动机高速旋转。

3. 自动复位　当把刮水开关退回到 R 位时，如果刮水片没有停止到规定位置，由于触点与铜环相接触，如图 6-2(b) 所示，则电流继续流入电枢，其电路为：蓄电池（＋）→电源总开关→熔断丝→电刷 B_3→电枢绕组→电刷 B_1→Ⅱ接线柱→接触片→Ⅰ接线柱→触点臂→铜环1→搭铁→蓄电池（一）。因此电动机仍以低速运转直到蜗轮旋转到图 6-2(a) 所示的特定位置，电路中断。由于电枢的运动惯性，电动机不能立即停止转动，此时电动机以发电机方式运行。由于此时，电枢绕组通过触点臂与铜环2接通而短路，电枢绕组将产生能耗制动转矩，电动机迅速停止运转，使刮水片复位到风窗玻璃的下部。

三、刮水器间歇式刮水工作原理

间歇性挡用于当雨水较少时使电动机工作在间歇状态，由间歇继电器控制，电路如图 6-3 所示。刮水开关在"INT"挡时，电流路径：蓄电池（＋）→点火开关 SW→间歇继电器 B →继电器线圈→三极管 VT 集电极。
└→电阻 R_1 → 二极管 D → 电阻 R_2 → VT 基极。

此时，二极管导通，给 VT 提供基极电流，使 VT 导通，线圈中有电流，则 K_1 闭合，K_2 断开。电流："B"接线柱→K_1→S_2→刮水器开关 S→+1→电刷 B_2→电刷 B_1→蓄电池（一）。
└→电容 C → D → R_2 → VT → 蓄电池(一)。

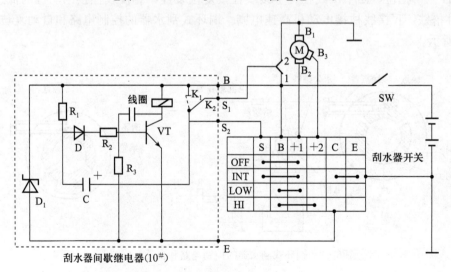

图 6-3　刮水器间歇式刮水电路图

电容器 C 开始充电，同时电动机以低速运转，当接近充满电时，二极管 D 端电位下降而截止，VT 截止，线圈断电，K_1 断开，K_2 闭合，此时刮水片应运转到位，否则即为复位开关 1 位闭合，由电路图可知蓄电池（＋）→SW→继电器 S_1→K_2→S_2→S→＋1→B_2→B_1→蓄电池（－）。电机运转，直到复位，然后电容器 C 开始充电，C（＋）→K_2→复位开关 2→D_1→R_1→C（－），随放电进行二极管 D 左端电位升高，达到二极管 D 导通电压时二极管 D 又导通，如此电容器 C 放电使继电器间歇工作，约 4～6 s 循环一次。

技能训练

刮水器结构认识与故障检修

【技能点】

★认识刮水器在车上的安装位置

★了解刮水器电路故障的检查方法

【技能训练准备】

1. 设备及工具准备　拖拉机整车两台、联合收割机两台、数字万用表四个、直流试灯四个、常用工具若干等。

2. 学生实习准备　根据学生的人数，分成四组，确定每组的小组长。

【技能训练步骤】

一、拖拉机、联合收割机刮水器在实车上的认识

集中学生，对照实车介绍刮水器在车上的位置，并进行刮水工作情况的演示。

二、电动刮水器的维护保养

1. 检查刮水器电动机的固定及各传动机构的连接是否有松动，若发现松动，应予拧紧。

2. 检查刮水器橡胶刮水片的老化、磨损及其与玻璃服帖情况。当发现刮水片严重磨损或脏污时应及时更换或清洗，清洗刮水片时，可用蘸有酒精清洗剂的棉纱轻轻擦去刮片上的污物，注意不可用汽油清洗和浸泡，否则刮片会变形而无法使用；刮水片唇口必须与玻璃角度配合一致，否则应予以打磨或更换。

3. 用水润湿挡风玻璃后，打开刮水器开关，刮水器摇臂应摆动正常，电动机无异响。转换挡位开关，刮水器以相应的转速工作，并能自动复位。否则，应对刮水器电机及相关线路进行检查。

4. 检查后，在各运动铰链处滴注 2～3 滴机油或涂抹润滑脂，并再次打开刮水器电动机开关使刮水器摇臂摆动，待机油或润滑脂浸到各工作面后，擦净多余的机油或润滑脂。

三、电动刮水器的检修

1. 电动机检修

（1）检查换向器表面是否烧蚀，若烧蚀可用细砂布打磨，严重烧蚀或磨损后失圆，可车光或更换。

(2) 检查励磁线圈有无短路、断路或搭铁故障，有应予以重新绕制或者更换。

(3) 检查电刷的高度，一般不应低于 8 mm，否则应予更换。

(4) 检查蜗轮、蜗杆有无磨损，严重磨损应更换。

(5) 检查电枢轴与轴承的配合间隙，不应超过 0.1 mm，摇臂的轴向间隙不应超过 0.12 mm，否则应予更换。

2. 联动机构的检修

(1) 检查联动机构是否弯曲变形，如变形应予校正。

(2) 检查刮水臂是否变形，刮水片胶片是否老化，如变形或老化应予更换。

(3) 检查各连接球头及座是否磨损严重，如磨损严重应予修理或更换。

3. 刮水器控制开关的检查　可用万用表检测刮水器开关处于"O"挡、低速挡和高速挡时的通断。如判断刮水器开关内部触点接触不良或烧坏，应予拆开检修。

四、电动刮水器的拆卸、安装与试验

1. 刮水电机的拆卸　拆卸刮水电机时，一定要参照制造厂说明书和维修手册推荐的操作步骤进行。从车上拆下电机时，应首先拆下不得不拆的有关部件后，然后从车上拆下刮水电机（拆下线束插接器、拆下连杆机构、电机总成连接螺栓等）。拆卸时要多加小心，以防损坏电动机内部的永久磁铁。

安装步骤基本上与拆卸步骤相反。但在安装时，一定要注意搭铁线紧固在其中一个固定螺栓上。

2. 刮水器的安装与试验

(1) 正确安装电动刮水器：把电动机的输出曲柄装在电动机轴上时应对准记号，若无记号，安装时应做好下列工作以确保刮水器自动复位停机时，停留在正确位置。

① 安装好电动机，接通电路，使电动机处于自动停转状态。

② 将平行四杆联动机构安装到位，使曲柄松套在电动机输出轴上。

③ 移动刮片使其处于自动回位停止的水平位置。

④ 旋紧电动机曲柄轴固定螺母，开机做慢速试验，电动机一转动，雨刮应立即向上摆动。

(2) 刮水器的安装标准：

① 刮片与玻璃平面的交线与刮杆轴轴线的交角应为 90°，若发现不当，可将输出轴套前后调节校正。如果输出轴轴套无前后调节机构，可以将刮杆臂折成一定角度来补偿，以保证刮片正常压力。

② 刮片与玻璃面应垂直，若有侧偏，应将刮杆臂平面相对刮臂平面扭转一定角度，可有效地防止刮试时产生振动与噪声。

③ 刮片应停放在自停回位状态安装，此时刮片基本与挡风玻璃下沿线平行。

(3) 刮水器试验：给电动机接上相应的电源进行低速和高速试验，应运转平稳，无机械摩擦，联动机构工作正常，自动复位器工作正常等。

五、电动刮水器的常见故障现象、原因及排除方法

电动刮水器的常见故障现象、原因及排除方法见表 6 - 1。

表6-1　电动刮水器的常见故障现象、原因及排除方法

故障现象	故障原因	排除方法
刮水器电动机不转	1. 熔断器熔断 2. 导线断路或插接器松脱 3. 刮水器控制开关损坏会接触不良 4. 电动机电刷与换向器接触不良 5. 电动机电枢绕组卡死或烧坏 6. 延时继电器损坏 7. 传动机构损坏	1. 更换 2. 检修 3. 检修或更换 4. 检修 5. 检修或更换 6. 更换 7. 检修或更换
刮水器动作迟缓	1. 蓄电池亏电或开关接触不良 2. 刮水器与风窗玻璃接触面过脏 3. 电动机轴承或传动机构润滑不良 4. 电动机电刷接触不良 5. 电枢绕组短路或搭铁	1. 蓄电池充电、检修开关或更换 2. 清理脏污 3. 加润滑油 4. 更换电刷或弹簧 5. 检修或更换
刮水器停位不当	1. 停位触点接触不良 2. 传动机构磨损或变形 3. 电动机停位装置损坏	1. 检修触点 2. 检修或更换 3. 检修
刮水器震动	1. 风窗玻璃过脏 2. 刮水器上的刮片损坏 3. 刮片的倾角不对 4. 传动机构有故障	1. 清洗风窗玻璃 2. 更换刮片 3. 重新调整倾角 4. 检修或更换

任务2　农机空调系统的电路原理与维护

引　入

在炎热的夏天，驾驶员在田间工作时，为提高工作效率，改善工作环境，对车的舒适性、安全性的要求越来越高。近几年来，大量中高档拖拉机（联合收割机）都安装了空调。驾驶员把空调打开，但不制冷，怎么办？

要对空调系统进行检修，必须掌握空调系统的组成、结构和控制原理。

理论知识

一、农机空调系统的作用及类型

1. 农机空调系统的作用　农机空调的作用是调节车内的温度、湿度、气流速度、空气洁净度等，从而为驾驶员创造新鲜舒适的车内环境，减轻驾驶员的疲劳，提高行车安全性。

农机空调应具有以下功能：

（1）制冷功能：通过制冷系统对车内空气或车外进入车内的新鲜空气进行冷却或除湿，使车内达到"凉爽"的舒适程度。

（2）采暖功能：采暖系统对车内空气或车外进入车内的新鲜空气进行加热或除湿，使车内达到"温暖"的舒适程度。

（3）通风与空气温度调节功能：通风系统将车外的新鲜空气引进车内，以达到通风、换气的目的；空气温度调节功能是将冷风、热风、新鲜空气有机地混合，形成适宜的气流供给车内。

（4）空气净化功能：通过空气净化装置除去进入车内空气中的尘埃、异味，使车内空气变得清洁，日前普通拖拉机（联合收割机）上所用的空调系统通常不具备空气净化功能，只是简单的除尘过滤，空气净化功能较为完备的空调系统在一些高级轿车或豪华大客车上有较多的应用。

（5）自动控制功能：现代进口大型拖拉机（联合收割机）上，采用了自动空调系统通过空调的电子控制系统可自动实现制冷、采暖和换气的有机组合，向车内提供冷暖适宜、风量与风向适当的空气，即具有自动对车内环境进行全季节、全方位、多功能的最佳控制功能。

2. 农机空调的类型　农机空调的类型见表 6-2。

表 6-2　农机空调的类型

按驱动方式分	按结构形式分	按蒸发器布置方式分
独立式	整体独立式	仪表板式　　　下置式
非独立式	分体式	车内顶置式　　后置式
电力驱动式	分散式	立式　　　　　车外顶置式
按功能分	按自控程度分	按送风方式分
单一功能式	有手动控制	直吹式
冷暖一体型	半自动控制	风道式
全功能型	全电脑控制	

二、农机空调系统的组成及工作原理

1. 农机空调系统的组成　农机空调系统主要由以下几部分组成：

（1）制冷系统：其作用是对车内的空气或进入车内的新鲜空气进行冷却或除湿。主要由压缩机、冷凝器、储液干燥器、膨胀阀、蒸发器、散热风扇、制冷管等组成。

（2）取暖系统：其作用是对车内的空气或进入车内的新鲜空气进行加热和除湿。主要由加热器、水阀、水管、发动机冷却液组成。

（3）配气系统：其作用是将外部新鲜空气引进车内，进行通风和换气。主要由进气模式风门、鼓风机、混合气模式风门、气流模式风门、导风管等组成。

（4）控制系统：其作用是通过控制压缩机电磁离合器的吸合与断开，防止制冷系统压力过高。通过控制驾驶室内空气流速、方向和温度，实现驾驶员设定的温度范围。主要由点火开关、A/C 开关、电磁离合器、鼓风机开关、温度控制器、调速电阻器、各种温度传感器、制冷剂高低压力开关、送风模式控制开关和各种继电器等组成。

2. 农机空调系统的工作原理

（1）农机空调制冷系统的工作原理：农机空调制冷系统通过制冷剂的循环流动实现制冷，制冷工作原理如图6-4所示。

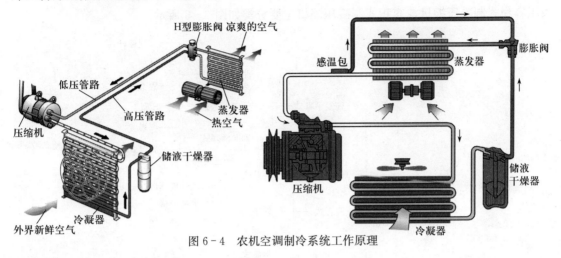

图6-4　农机空调制冷系统工作原理

当制冷压缩机由发动机驱动时，压缩机对吸入的制冷剂蒸气进行压缩，并通过高压管路送到冷凝器；进入冷凝器的高温高压制冷剂蒸气通过冷却风扇和车行驶形成的自然风的冷却，成为饱和蒸气并冷凝成高温高压的液体，然后从冷凝器底部流向储液干燥器；液态制冷剂经过干燥器的过滤、脱水，再经高压管流到膨胀阀，由膨胀阀节流后形成低温低压且雾状（有少量蒸气）的制冷剂；送入蒸发器的制冷剂在蒸发器内吸热并升温至饱和温度后沸腾，并在汽化过程中吸收蒸发器周围空气的热量；蒸发器周围已被冷却了的空气通过鼓风机风扇吹入车内，使车内空气降温、除湿。在压缩机的抽吸作用下，吸收了大量热量的制冷剂蒸气从蒸发器流出，经过低压管路进入压缩机，再由压缩机压缩成高温高压气体，如此循环制冷。

（2）农机空调取暖系统的工作原理：取暖系统工作原理如图6-5所示。当发动机工作时，冷却液温度逐渐升高，通过水泵的作用，使冷却液在发动机的水套与暖风热交换器之间流动。从发动机流出的冷却液经过进水管进入热交换器，空气在鼓风机作用下通过热交换器，经过热交换器后，将热空气送入车内进行取暖和风窗玻璃除霜。通过热交换器的冷却液经回水管被发动机水泵抽回，从而完成一次循环。

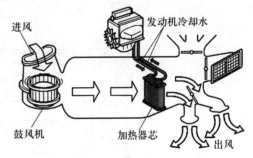

图6-5　取暖系统工作原理

送风温度则靠风速调节开关和输出空气温度调节开关来调节。

三、农机空调系统的主要部件

（一）压缩机

1. 压缩机的作用和类型

（1）压缩机作用：压缩机是空调制冷系统的"心脏"，作用是维持制冷剂在制冷系统中的循环，吸入来自蒸发器的低温、低压制冷剂蒸气，并使其压力和温度升高。因此压缩机是制冷系统低压和高压、低温和高温的分界线。

（2）压缩机类型：压缩机根据用途、结构、运动方式可分为多种类型。农机空调压缩机采用容积式制冷压缩机，容积式制冷压缩机主要分类如图6-6所示。

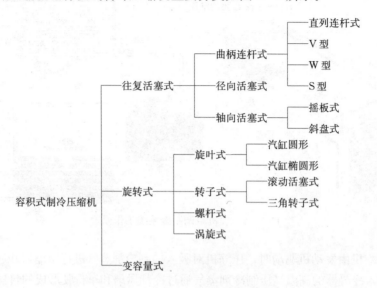

图6-6　容积式制冷压缩机分类

① 回转斜盘式压缩机。回转斜盘式压缩机是往复式双向活塞结构，又称双向斜盘式压缩机，结构如图6-7所示。工作原理以斜盘主轴为中心，在同一圆周上均匀分布了三个（或五个）活塞。通过斜盘的回转，活塞在汽缸内进行往复运动，活塞的两边都是汽缸，因而一个活塞起到双缸的作用，整个压缩机则起到六缸（或十缸）的作用。缸体两端都装有吸

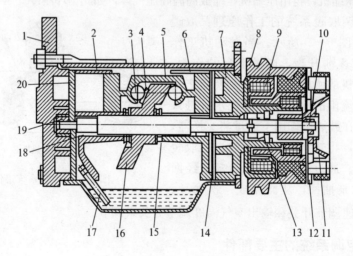

图6-7　回转斜盘式压缩机结构

1、7. 汽缸盖　2、6. 汽缸　3. 钢珠　4. 球支撑座　5. 活塞　8. 带轮　9. 电磁离合器线圈　10. 主轴
11. 电磁离合器　12. 套筒　13. 轴封　14、20. 阀板　15、18. 轴承　16. 斜盘　17. 吸油管　19. 油泵

排气阀及汽缸盖，两个缸体结合后形成吸排气两条通路。斜盘式压缩机的工作原理如图 6-8 所示。斜盘在主轴的带动下转动，斜盘边缘的两侧通过钢球和钢球滑靴推动活塞沿轴线做往复运动。斜盘每转一圈，每个双向活塞在各自的汽缸中完成一次压缩、排气、膨胀和吸气过程。

② 摇摆斜盘式压缩机。摇摆斜盘式压缩机是往复式单向活塞结构，又称单向斜盘式或摇摆式压缩机如图 6-9、图 6-10 所示。摇摆斜盘式压缩机将五个（或七个）汽缸均匀分布在一周，活塞只能靠斜盘的推动做轴向往复摆动，吸入低压的制冷剂气体经压缩并排出高压制冷剂气体。

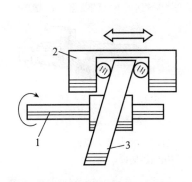

图 6-8　斜盘式压缩机的工作原理
1. 主轴　2. 双向活塞　3. 斜盘

图 6-9　摇摆斜盘式压缩机的剖视图

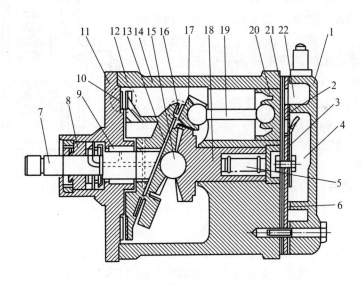

图 6-10　摇摆斜盘式压缩机的结构
1. 后盖　2. 阀板　3. 排气阀片　4. 排气腔　5. 弹簧　6. 后盖缸垫　7. 主轴　8. 轴封总成　9. 滑动轴承
10. 轴向滚珠轴承　11. 前缸盖　12. 楔形传动板　13、18. 圆锥齿轮　14. 缸体　15. 钢球
16. 摆盘滚珠轴承　17. 摆盘　19. 连杆　20. 活塞　21. 阀板垫　22. 吸气腔

摇摆斜盘式压缩机工作原理如图 6-11 所示。压缩机工作时，由主轴带动楔形传动板转动，楔形传动板又带动摆盘绕其支点摆动，并带动活塞在汽缸内做轴向往复运动，从而完成压缩、排气、膨胀和吸气过程。

2. 维修阀 压缩机的进、排气口各装有一只维修阀，用于沟通或切断压缩机与系统的回路，用以单独维修压缩机。维修阀的结构如图 6-12 所示，维修阀有三个位置，将阀杆完全旋入，为压缩机与系统隔离位置；将阀杆完全旋出，为压缩机正常工作位置；将阀杆调到中间位置，在压力表接口上装压力表，用以排放、抽出、充加制冷剂时，检查制冷系统压力。

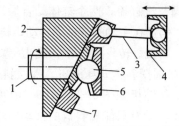

图 6-11 摇摆斜盘式压缩机的工作原理

1. 主轴 2. 楔形传动板 3. 连杆
4. 活塞 5. 钢球 6. 圆锥齿轮 7. 摆盘

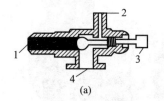　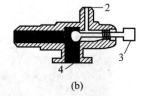　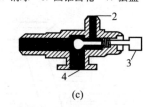

(a)　　　　　　　　(b)　　　　　　　　(c)

图 6-12 压缩机维修阀的结构

（a）压缩机与系统隔离位置　（b）压缩机正常工作位置　（c）测量制冷系统压力位置

1. 与制冷系统的接口 2. 压力表接口 3. 阀杆 4. 与压缩机接口

3. 电磁离合器的结构 压缩机是由发动机通过皮带直接带动旋转，为了能够控制压缩机停止和转动，在压缩机皮带轮内安装有电磁离合器，电磁离合器主要由电磁线圈、衔铁、轴承、皮带轮、压缩机轴等组成，其结构如图 6-13 所示。衔铁与压缩机主轴连在一起，当电磁线圈通电时，产生磁场吸引衔铁移动并与皮带轮相连，从而使皮带轮带动压缩机主轴旋转。若电磁线圈与皮带轮、衔铁与皮带轮之间间隙过大，压缩机扭矩过大，电源电压不正常，都会造成电磁离合器工作不正常或造成电磁线圈烧坏。

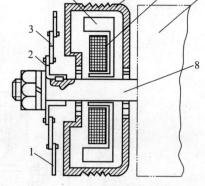

（二）冷凝器

1. 冷凝器的功用 冷凝器是把来自压缩机的高温、高压气体通过管壁和翅片将其中的热量传递给冷凝器外的空气，从而使气态制冷剂冷凝成高温、高压的液体。

图 6-13 电磁离合器的结构

1. 衔铁 2. 驱动盘 3. 弹簧片 4. 铁芯
5. 带轮 6. 电磁线圈 7. 压缩机 8. 主轴

2. 冷凝器的结构 冷凝器有管片式、管带式、鳍片式和平流式四种。

（1）管片式冷凝器：管片式是传统的冷凝器形式如图 6-14 所示，由厚度为 0.1~0.2 mm 的铝散热片套在圆管（铜管或铝管）上，用机械或液压的方法进行胀管，使散热片固定在管子上，并与管壁紧贴，使热量能通过紧贴的管片进行传递。

（2）管带式冷凝器：管带式冷凝器是由盘成蛇形的多孔扁管夹入波浪形散热带（翅片），在夹具夹紧的状态下，放入专用钎焊炉中整体钎焊而成，如图 6-15 所示。

（3）鳍片式冷凝器：鳍片式冷凝器是在特殊形状型材的散热管表面上直接铣出鳍片状散热片，如图 6-16 所示。这种结构形式由于管、片一体，抗震性特别好，散热性能可提高 5%，省材料 25%，管片之间无须焊接，可在常温下加工，所以，它曾一度被认为是最先进的车用冷凝器。

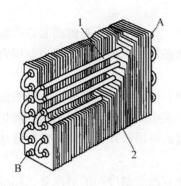

图 6-14　管片式冷凝器

1. 铜管或铝管　2. 翅片

A. 制冷剂入口　B. 制冷剂出口

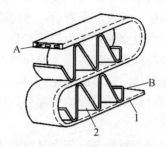

图 6-15　管带式冷凝器

1. 多孔扁管　2. 散热片

A. 制冷剂入口　B. 制冷剂出口

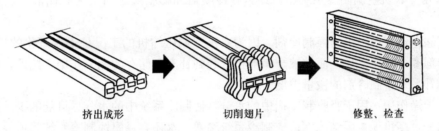

挤出成形　　　　　切削翅片　　　　　修整、检查

图 6-16　鳍片式冷凝器

（4）平流式冷凝器：平流式冷凝器由管带式冷凝器演变而成如图 6-17 所示，也是由扁管和波浪形散热片组成，散热片（带）上同样开有百叶窗式条缝，但扁管不是弯成盘带式，而是每根截断的，两端各有一根集流管。平流式冷凝器又分成两种，一种是集流管不分段，制冷剂流动方向一致，取名为单元平流式冷凝器；另一种取名为多元平流式冷凝器，它的集流管是分段的，中间有隔片隔开，起到分流和汇流作用。它是为适应 R134a 制冷剂而研制的新型结构冷凝器。

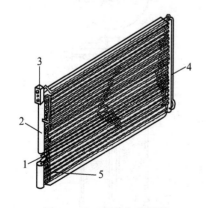

图 6-17　平流式冷凝器

1. 制冷剂扁管　2. 圆柱形集流管　3. 制冷剂进出口接头

4. 跨接管　5. 波纹百叶翅片

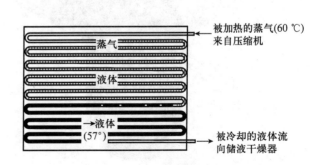

图 6-18　冷凝器的工作过程

3. 冷凝器的工作过程　制冷剂蒸气在冷凝器中放热而转变为液体的冷凝过程，如图6-18所示，可将其分为三个过程。

（1）高温高压制冷剂蒸气转变为饱和蒸气过程：从压缩机出来的高温高压制冷剂蒸气温度高于饱和温度，进入冷凝管后，通过冷凝器的散热作用，很快就降至当前压力下的饱和温度。这一阶段的热交换过程为显热变化过程。

（2）饱和制冷剂蒸气转化为饱和液态过程：当制冷剂蒸气的温度降至饱和温度时，就开始转变为饱和液体。制冷剂液化过程中，其温度不发生变化，但制冷剂蒸气液化过程释放出大量的热。制冷剂循环过程的大部分热量就是通过此阶段散发出去的，此阶段从制冷剂释放出的热量为潜热。

（3）饱和液态制冷剂冷却为过冷液体过程：饱和液态制冷剂的温度要比环境温度高，因此冷凝管中的饱和液体将会进一步冷却，成为低于饱和温度的过冷液体。这一阶段的热交换过程也是显热变化过程。

（三）储液干燥器

1. 作用　农机空调制冷系统中，通常在冷凝器和膨胀阀之间安装有储液干燥器，其作用是：

（1）储存作用：用于储存制冷剂。因为农机空调压缩机的工况是千变万化的。高速时，输出制冷剂多，低速时少，而储液干燥器正好起到补充和储存的调节作用。此外，储液干燥器还可弥补系统中制冷剂的微量渗漏。

（2）干燥作用：用于吸收制冷剂中的水分，使制冷系统中的水分尽可能的少。因为制冷剂中的水分过多可能会因结冰而造成制冷系统堵塞，水还容易腐蚀制冷系统管道等，导致制冷系统不能正常工作。

（3）过滤作用：滤除制冷剂中的金属颗粒、污垢等杂质，以确保制冷剂流通顺畅。

2. 结构　储液干燥器主要由储液罐、干燥剂、过滤器组成，有的储液干燥器还装有检视孔和易熔塞等。最常见的储液干燥器如图6-19所示。

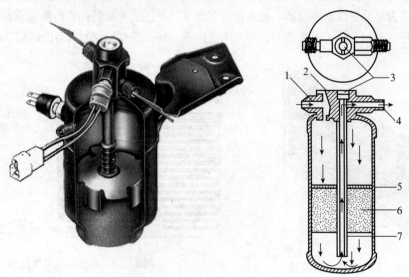

图6-19　储液干燥器的结构

1. 入口　2. 易熔塞　3. 视液镜　4. 出口　5. 外壳　6. 干燥剂　7. 引出管

3. 工作过程 来自冷凝器的高压液态制冷剂进入储液干燥器后，经滤网过滤、干燥剂除湿后到达储液管，然后再经引出管和出口流向蒸发器。易熔塞起高温保护作用，当制冷剂温度达 95～105 ℃时，易熔合金熔化，使制冷剂逸出，以保护制冷系统。检视镜用于观察制冷剂的流动情况，可根据观察情况判断是否缺少制冷剂、制冷剂是否有水分等。有的储液干燥器上还装有高低压力器开关，用于制冷系统压力异常时，保护压缩机及空调系统不受损害。

（四）膨胀阀

1. 作用 制冷系统中膨胀阀具有节流降压、调节流量、防止液击与异常过热的控制作用，是制冷系统中的重要部件。

（1）节流降压：使从冷凝器来的高温、高压液态制冷剂降压成为容易蒸发的低温、低压雾状物进入蒸发器，即分隔了制冷剂的高压侧与低压侧，但制冷剂的液体状态没有变。

（2）调节流量：由于制冷负荷的改变以及压缩机转速的改变，要求流量作相应的调整，以保持车内温度稳定，膨胀阀就起到把进入蒸发器的流量自动调节到制冷循环所要求的合适程度的作用。

（3）防止液击和过热：根据蒸发器出口处的温度控制制冷剂流量，以确保制冷剂在蒸发器中完全汽化，防止压缩机产生液击现象；与此同时，将制冷剂蒸气过热温度控制在 3～5 ℃，从而防止异常过热现象的发生。

2. 结构 膨胀阀根据平衡方式分为内平衡与外平衡两种，根据静止过热度调整（调弹簧预紧力）方式分为内调式与外调式两种，根据连接口形状又分为"O"形圈式和喇叭口式两种，根据外形可分为 F 型和 H 型。

如图 6-20 所示为 H 型膨胀阀的结构，它具有感温灵敏、结构紧凑、牢固可靠、使用和安装方便等特点。

膨胀阀由感温元件、膜片、顶杆、球阀座、弹簧等组成。在球阀座的两侧各有两个管子接口，中间为阀和顶杆，阀体通道呈 H 型，顶杆加工成带有中空的腔室，使之与膜腔相通，顶杆与膜片密封铆死，空腔就成了内藏式的感温包，直接感受蒸发器的供液量，防止过多的液体引起阻滞现象。

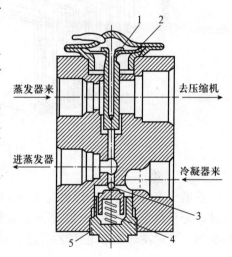

图 6-20 H 型膨胀阀

1. 感温包杆 2. 膜片 3. 球阀
4. 球阀弹簧 5. 调整螺柱

3. 工作过程 来自冷凝器的高温高压液态制冷剂通过膨胀阀节流降压流入蒸发器，其流量是靠弹簧支撑定位的球阀来控制的。当从蒸发器出口来的制冷剂膨胀后进入压缩机时，将热量传给密封在膜片上方的敏感元件。敏感元件受热膨胀下压膜片，推动顶杆，球体克服弹簧压力，打开阀门。温度越高，阀门开度越大，使蒸发器的流量增加。随着较多制冷剂流过蒸发器，蒸发器温度降低，使敏感元件收缩，膜片上压力减小，使阀门开度减小。

（五）蒸发器

1. 作用 利用低温低压的液态制冷剂蒸发时吸收周围空气中的大量热量，从而达到车内降温的目的。它的作用原理与冷凝器正好相反，从膨胀阀或节流管流出，直接进入蒸发器的制冷剂由于体积突然膨胀而变成低温低压雾状物（微粒液体）。空调风机使车内空气从蒸发器表面流过时，接触到表面温度极低的蒸发器管片，空气中的热量被管片吸收传给蒸发器内的制冷剂，使液态（雾状）制冷剂汽化，而车内空气则因为热量被带走而变冷。

2. 结构　蒸发器有管片式、管带式和层叠式三种基本结构。管片式结构与冷凝器基本相同，如图 6-21 所示。管带式结构与冷凝器有两点主要的不同，一是扁管宽度一般比冷凝器更宽些，二是扁管是竖向弯曲，目的是为了便于排走蒸发器表面的冷凝水，如图 6-22 所示。

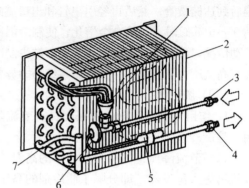

图 6-21　管片式蒸发器

1. 分配器　2. 散热片　3. 连接储液干燥器的接口
4. 连接压缩机的接口　5. 感温包　6. 膨胀阀　7. 管子

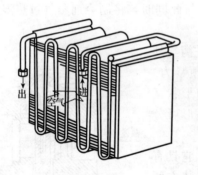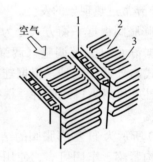

图 6-22　管带式蒸发器

1. 管子　2. 散热片　3. 百叶窗

层叠式蒸发器由两片冲成复杂形状的铝板叠在一起组成制冷剂通道，每两组流道之间夹有波浪形散热带，如图 6-23 所示。这种形式的蒸发器加工难度很大，但换热效率很高，结构紧凑。它的换热效率比管带式提高 10% 左右，是最有前途的蒸发器形式。

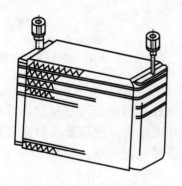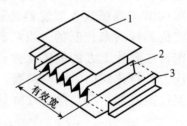

图 6-23　层叠式蒸发器

1. 平板　2. 波形翅片　3. 封条

3. 工作过程 蒸发器通过热交换使节流后的制冷剂汽化而吸热，达到冷却空气（制冷）的目的，因此，也有人将蒸发器称作冷却器。蒸发器的工作过程如下：

（1）吸收汽化潜热过程：经过节流装置节流后的制冷剂部分呈气体状态，这种气液共存的制冷剂被称为湿蒸气。制冷剂湿蒸气进入蒸发器后，吸收热量而开始沸腾，变成饱和蒸气。在这一过程中蒸发压力始终保持不变，对应的蒸发温度也保持不变。

（2）降低车内温度过程：蒸发器外表面的空气热量被制冷剂吸走后，变为温度较低的冷空气。鼓风机不断地将冷空气吹入车厢内，从而降低了车内的温度。该过程在鼓风机工作时就一直进行着，且鼓风机的风量越大，车内温度下降越快。

（3）饱和蒸气吸热成为过热蒸气过程：由于蒸发器内制冷剂的温度总是低于车内温度，因此，饱和蒸气会继续吸热而成为过热蒸气（温度高于制冷剂的饱和温度）。一般制冷剂蒸气的过热度为 3～5 ℃，这样可以确保制冷剂充分汽化，以避免产生液击。

技能训练

农机空调的结构认识与故障检修

【技能点】

★认识空调在车上的安装位置

★了解空调系统故障的检查方法

【技能训练准备】

1. 设备及工具准备 拖拉机整车两台、联合收割机两台、数字万用表四个、直流试灯四个、常用工具若干等。

2. 学生实习准备 根据学生的人数，分成四组，确定每组的小组长。

【技能训练步骤】

一、拖拉机、联合收割机空调在实车上的认识

集中学生，对照实车介绍空调在车上的位置，并进行空调系统工作情况的演示。

二、空调系统维修时的注意事项

1. 在拆卸任何电器部件之前，一定关闭电源并拆开蓄电池负极电缆线。

2. 在排放空调系统制冷剂前，不要打开或松开系统连接头。在松开接头时，如果明显存在残余压力，再打开接头之前，应首先排放空调系统的制冷剂。

3. 再灌注制冷剂之前，必须抽真空。

4. 避免误用不同制冷剂。

5. 正确换用防冻油。如果系统中防冻油加注过量，会导致制冷能力下降；如果系统中防冻油过少则会损坏压缩机。维修中，特别是在更换主要部件时，如果不给系统补充适量的防冻油，则会导致润滑不良，使压缩机出现异常。

6. 按规定容量加注防冻油。

7. 正确换用密封圈。在维修中，只要对管路系统的部件进行拆卸，就必须更换新的密封圈。更换时应十分注意，不得损坏管路，严禁水分进入系统，否则将导致部件内部腐蚀。更换密封圈时，应在"O"形密封圈上涂抹少量防冻油。

8. 紧固件要按规定力矩拧紧。

9. 制冷系统制冷剂的排放。除压缩机拆卸时，可以使用维修阀与制冷系统隔绝，单独进行操作，其他部件拆卸之前必须将制冷剂放掉。排放时不应让制冷剂迅速排放，以免系统里的制冷机油一起带出，排放时要轻轻打开两个维修阀到中间位置，使制冷剂慢慢放出。

三、农机空调的正确使用

1. 非独立式空调器的正确使用　对于非独立式空调（指由车上发动机带动压缩机的空调系统），其操作使用是比较方便的，但能否正确使用对机组的空调性能及使用寿命、发动机的工作稳定及功耗、乘员的舒适性都有很大影响。为此，应注意以下几点：

（1）启动发动机时，空调开关应处于关闭位置。

（2）发动机熄火后，应关闭空调器，以免蓄电池损耗。

（3）夏日应避免直接在阳光下停车曝晒，尽可能把车停在树荫下。

（4）夏日长时间停车后，车厢内温度很高，在这种情况下，应先开窗、开通风扇（即空调不开，只开风机），将车内热空气赶出车厢，再关门窗开空调。

（5）开空调后，车厢门窗应关闭，以降低热负荷。

（6）在车怠速时若需开空调，应了解本车空调是否有怠速提升装置。若无，则应将发动机怠速适当调高，以免开空调时熄火或不稳定。

（7）超车时，若本车空调无超速自动停转装置，则应关闭空调。超速停转装置的开关一般安放在油门踏板下面，可先试一下，若突然重重地踩下油门踏板，空调能停转（压缩机停转），则说明有此装置。

2. 独立式空调的正确使用　对于安装独立式空调（指有专用辅助发动机带动压缩机的空调装置）的车，应严格按使用说明书的规定启动和运行空调。因这类空调通过遥控装置控制辅助发动机的启动和运行，启动方法要比非独立式空调复杂。

一般使用时的注意事项与非独立式大体相同，但由于辅助发动机有时有单独的油箱，因而还需经常注意空调油箱的储油情况，并要检查辅助发动机的水温、油压等情况。

为延长辅助发动机的使用寿命，尽量做到低速启动，低速关机。有可能时，加设卸载启动装置。同时，应保证发动机吸气的清洁度。

四、农机空调的安装及注意事项

1. 压缩机的安装　中小型车空调的压缩机都在发动机边上，一般都通过压缩机支架（也称托架）与发动机机体相连，并通过张紧轮（也称惰轮）或调节螺栓，使压缩机与发动机曲轴皮带轮之间的传动皮带保持良好的传动位置（保证两个皮带槽在同一平面，并使皮带保持适当的张紧度）。为保证压缩机支架有良好的抗震性能，支架应有足够的强度和刚性。压缩机的连接还应考虑到便于压缩机皮带的装卸和调整。如图6-24所示为压缩机托架与惰轮托架的实例，惰轮托架上的长孔是为了调整惰轮位置以缓解皮带张紧力及调换皮带。托架上的所有螺栓都需要加弹簧垫圈，达到紧固牢靠的目的。

2. 制冷剂操作的注意事项

（1）在进行制冷剂操作时（即开放制冷系统时）必须戴防护眼镜。一旦制冷剂溅入眼睛，应立即用大量眼药水或干净的冷水冲洗，并马上到医院治疗。若皮肤上溅到制冷剂，要立即用大量冷水冲洗，并涂上清洁的凡士林，千万不可用手搓。

（2）要在通风良好的地方进行系统的维修。

（3）周围有水坑或下雨天露天作业时，不能打开系统。

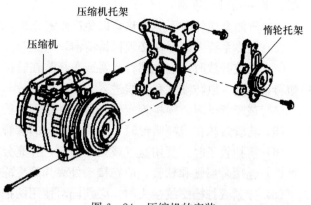

图 6-24　压缩机的安装

（4）修理工具必须清洁干燥，安装、修理场地应干净。

（5）制冷系统打开后，所有接口要加盖或包扎密封，防止空气中潮气或杂质进入。

（6）安装制冷系统时，干燥器一定要最后安装。不同的制冷剂要用不同的干燥剂。

（7）冷冻机油要随时盖严，并应标明冷冻机油牌号。

（8）冷冻机油不要存放在聚乙烯等塑料容器中，应用钢制容器，因为聚乙烯会让水分透入。

（9）不同品牌的冷冻机油不能混用，以免油变质及黏度降低。

（10）制冷剂须慢慢排放，以免冷冻机油被带出，且不能与有光泽的金属表面接触。

（11）制冷剂要存放在 40 ℃以下的环境中，并保证不会从高处落下。

（12）不能在关闭的房内或靠近火焰的地方处理制冷剂。充注有制冷剂的制冷部件不能进行焊接操作。

（13）低压端不能加注液态制冷剂，从高压端加制冷剂时不能开动压缩机。

（14）各种密封软垫（垫圈）必须用与所用的制冷剂相容性好的橡胶密封材料制造。

（15）连接软管要用专为制冷用的材料制造，R134a 用连接软管应以尼龙作为内衬。

（16）更换制冷部件后，要先为系统补充冷冻机油，然后再加注制冷剂。

（17）不能用蒸气清洗冷凝器和蒸发器，只能用冷水或压缩空气。

3. 电路操作的注意事项

（1）为防止电路短路，应拆下与蓄电池负极相连的电线（或接地线）。

（2）电线的连接必须可靠，固定要牢靠。

（3）若电线要穿过车身金属板时，应加设橡胶护圈（以保护电线）。

（4）若在修理中拆离或移动车原有的电线束，修理后应复原。

（5）电线必须用塑料胶带或用原来的紧固件固定在车原有的电线束中。

（6）安装空调时应注意不要把电线夹住。

（7）若要与原有电线焊接时，必须用直径相等的导线，连接点应用胶布包好。

（8）电线不能靠近活动部件或高温部件，要远离热源 50 mm 以上。

（9）电线必须与燃油管分隔开，离开燃油管 100 mm 以上。

（10）仔细检查电线是否与尖锐的物体接触。

4. 管路的注意事项

(1) 弯曲金属管时不能加热，以免产生氧化皮，管子的弯曲半径应尽可能大些。

(2) 制冷系统内部零件必须保持清洁，避免与潮气、尘埃接触。

(3) 系统开放时，应立即将孔塞或盖板装在管接头上，实在找不到合适的孔塞，可用多层塑料布包扎，以防潮气和尘埃进入。

(4) 截断管子时，须将管端锉光滑，并把管内的锉屑除去，擦干净。

(5) 将管端扩张成喇叭形时，要使用适当的扩管工具。

(6) 清扫管子时，要用氮气或无水酒精，并充分加以干燥，不可使用压缩空气。

(7) 连接金属管和软管，应在接头处滴几滴冷冻机油润滑。

(8) 拧紧或拧松螺纹接头时，必须同时使用两把扳手操作。拧紧螺纹时，螺纹处不准加油，并用扭力扳手拧紧到规定力矩。

(9) 连接储液干燥器时，必须注意连接方向，避免进出方向相反。

(10) 合理安排排水管安装位置，应固定排水管，以避免排出的水接触车的零部件，尤其不要滴在排气管上。同时要确保冷凝水能顺利排出。

(11) 管子穿过车身板壁时，要加橡胶圈保护软管。软管及电线每隔一定距离（500 mm左右）要用带胶垫的管夹与车身（车架）固定。

(12) 软管相连时，要保持软管两端呈自然状态，如图6-25(a)所示。不能使软管扭曲，如图6-25(b)所示，不能因被连接部件的运动而使软管偏离其轴线所在平面，如图6-25(c)所示。安装后软管与相连接头的中心轴线应完全在一个平面内，并且它们的运动方向也应在这一平面内。

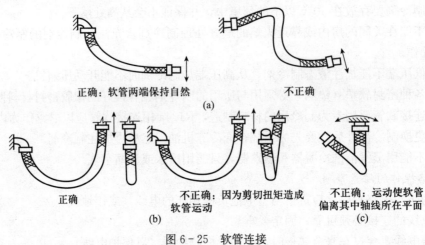

图6-25 软管连接

(13) 软管弯曲时要保证有足够的弯曲半径，不能因弯曲半径太小而造成软管变形，应避免急转弯，靠近接头部位须留有足够长的直线软件管段。

(14) 与压缩机相连的软管安装方向应与压缩机振动力方向一致如图6-26(a)所示，否则，由于压缩机振动，会使软管扭曲，造成接头松开或损坏软管，如图6-26(b)所示。

5. 间隙和连接的注意事项

(1) 在安装空调部件时，周围要留好空间，用绝缘材料将它与其他部件隔开。原则上，空调部件与车零部件要间隔20 mm以上。

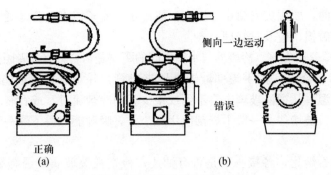

图 6 - 26 软管与压缩机连接

（2）安装金属零件必须加弹簧垫圈连接。

（3）在发动机上安装零部件必须按照规定的力矩拧紧。

（4）各个总成若安装的悬置体不同或振动不一，不可用硬管连接。

（5）修理、安装工作结束，应检查空调器零部件的安放位置是否正确。

6. 其他注意事项

（1）修理制冷系统时，应用破布等物保护车。

（2）制冷系统未注入制冷剂时，不得发动车。

（3）若要长期保存压缩机（用过的），为防止发生腐蚀，要排尽压缩机内部的空气，再用制冷剂或干燥的氮气灌满压缩机。

（4）进行抽真空工序前必须认真检查密封情况，并先做好对泄漏部位的处理。

（5）安装工作全部完毕后，应检查车各部件的动作是否正常，燃油管、冷却系统、电路系统是否完好，并要检查空调性能是否良好。

五、农机空调系统的常规检查

1. 压缩机的检查　启动压缩机，进行下列检查：

（1）如果听到异常声响，说明压缩机的轴承、阀片、活塞环或其他部件有可能损坏，或冷冻机油量不正常，或制冷剂量过多。

（2）用手摸压缩机缸体，如果进出口两端有很明显的温差，并且没有异常高温，说明工作正常；如果温差不明显，可能制冷剂泄漏或阀片坏，密封垫坏；若出口侧异常热，应考虑高压过高或压缩机缺油、油变质，或内部零件损坏，或制冷剂太多；若进口侧温度过低，有可能制冷剂太少、系统中有堵塞，或蒸发风机风量太小。

（3）若有剧烈振动，可能皮带太紧、皮带轮偏斜、离合器过松或制冷剂太多。

（4）检查轴封处。新机器有少量渗油是正常的。若一直有油流出，则可能轴封漏油，或"O"形圈损坏；若缸体结合面漏油，则是缸垫损坏，或缸垫处有污染物。

（5）若压缩机不能运转则要考虑电路不通、离合器有故障、压缩机咬死、气温太低或制冷剂泄漏等原因。

2. 冷凝器表面的检查及清洗检查

（1）冷凝器表面、冷凝器与发动机水箱之间（停机检查）是否有杂物，有应进行清理，也可用水清洗。冷凝器可用长毛刷蘸水轻轻刷洗保持其表面清洁。

（2）检查冷凝器表面及管接头处（包括储液器接头处）有无油迹，判断制冷剂是否泄漏。

（3）若翅片弯曲，要用尖嘴钳小心扳直，或用翅片梳子梳直；若冷凝器被石头等外力击打而折弯、压扁、破损，应及时修理。

（4）检查导风罩是否完好、冷凝器与水箱之间的距离是否合理（二者距离不应超过 5 cm）。

3. 储液干燥器的检查　用手摸储液干燥器进出管，并观察视液玻璃。如果进口很烫，而且出口管接近气温，从视液玻璃中看不到或很少有制冷剂流过，或者制冷剂很混浊、有杂质，可能储液器出口被堵住。一般干燥剂使用三个月，吸湿能力要下降一半，所以，每两年应更换一次干燥剂。

检查易熔塞是否熔化，各接头处是否有油迹；检查视液玻璃是否有裂纹，周围是否有油迹。

4. 蒸发器的检查　蒸发器一般在每年开始使用空调之前应检查一次。检查蒸发器通道和箱体有无纸屑杂物，小心清理，用压缩空气冲洗。若翅片弯曲，要小心扳直；要经常清洗蒸发器进风滤网；检查蒸发器壳体有无缝隙、有无霉味，若有霉味，很可能是排水管被堵或加热器芯子漏水造成隔热材料霉烂。

5. 膨胀节流管的检查　若进出口压力低，系统制冷量不足，往往是由于节流管造成的，或气液分离器堵塞。

6. 制冷软管的检查　看软管是否有裂纹、鼓包、油迹，是否老化，是否会碰到尖物、热源或运动部件。检查制冷软管及冷凝水排放管固定是否牢靠，是否有足够的伸缩余地。软管穿过金属板件时，有无固定良好的橡胶保护套。检查软管是否被扭曲、压扁、急转弯或连接方向容易被震松的可能。

7. 电线连接的检查　检查电线接头是否正常，电线是否碰到过热、转动、有毛刺的部件及被排气管排气吹到，连接是否可靠。电线穿过金属板件时，有无固定良好的橡胶保护套，有无足够的伸缩余地，检查蓄电池接线柱是否正常。

8. 电磁离合器及低温保护开关的检查　断开和接通电路，检查电磁离合器及低温保护开关（包括低压开关）是否正常（若无低温保护开关，可不检查）。

9. 车速控制机构的检查　首先，确认该车的空调系统中有哪几种车速控制机构，然后进行检查。将发动机在高于怠速保护的转速限值运转，确认压缩机工作正常；然后，让发动机降速至限定值以下，若压缩机自动停转，则说明怠速继电器工作正常，否则，要调整怠速继电器限定值或调整发动机怠速转速。

压缩机正常运转。短时间让发动机高速运转几秒钟，观察压缩机能否自动停转，并在几秒钟后恢复正常。若不能完成该动作，检查高速保护（超车继电器）线路。

若有怠速提升装置，则还应检查怠速提升装置。启动发动机，不开空调，保持怠速稳定，测定发动机转速，一般应在 600～700 r/min，然后开空调，检查发动机转速是否提高（应自动提升至 900～1000 r/min），怠速工况是否稳定。若过高或偏低，则调整真空促动器的调整螺钉或拉杆位置；若发动机转速下降，则检查线路是否正常，真空源是否正常，真空管路是否漏气、压扁等，真空膜盒是否漏气。

六、农机空调系统的常见故障及排除方法

1. 空调系统不制冷故障诊断与排除　不制冷是由于压缩机或制冷系统出现故障，其故障部位、原因及排除方法见表 6-3。

表 6-3 不制冷故障部位、原因及排除方法

故障部位	故障原因	排除方法
压缩机	1. 压缩机卡死或局部卡死 2. 压缩机吸气阀板损坏 3. 压缩机排气阀板损坏 4. 压缩机阀片不工作 5. 缸盖、阀板或密封垫损坏，造成制冷剂泄漏 6. 压缩机传动带断裂 7. 压缩机电磁离合器线圈断路	1. 检修或更换 2. 更换吸气阀板 3. 更换排气阀板 4. 更换阀片 5. 更换缸盖、阀板或密封垫 6. 更换传动带 7. 检修或更换
制冷系统	1. 热力膨胀阀损坏 2. 储液干燥器滤网堵塞 3. 膨胀阀进口滤网堵塞 4. 系统内湿气或水分过多，引起冰堵 5. 系统管路堵塞或泄漏 6. 空调冷气开关损坏 7. 制冷剂不足或无制冷剂	1. 更换膨胀阀 2. 更换储液干燥器滤网 3. 清理滤网或更换膨胀阀 4. 除去湿气或水分 5. 清理管路 6. 修理或更换 7. 检查并修好泄漏处，加足制冷剂

2. 空调系统制冷不足故障部位、原因及排除方法见表 6-4。

表 6-4 制冷不足故障部位、原因及排除方法

故障部位	故障原因	排除方法
制冷系统	1. 制冷剂不足 2. 制冷剂过多 3. 系统内有湿气 4. 系统内有空气 5. 储液干燥器部分堵塞 6. 膨胀阀故障	1. 检修并修好泄漏处之后添加制冷剂 2. 排出多余制冷剂 3. 排空系统，抽真空后重新加制冷剂 4. 排空系统，抽真空后重新加制冷剂 5. 清理堵塞或更换储液干燥器 6. 更换膨胀阀
其他部分	1. 压缩机电磁离合器打滑 2. 冷凝器外部及翅片灰尘太多，堵塞空气流通散热 3. 冷却风扇风道堵塞 4. 冷却风扇损坏 5. 蒸发器散热器被灰尘或污物堵塞 6. 风扇电机接线接触不良	1. 修理或更换 2. 清除灰尘或污物 3. 清理风道，使空气畅通 4. 修理或更换 5. 清除散热器灰尘、污物 6. 检修并拧紧

3. 空调系统时有时无的故障部位、原因及排除方法见表 6-5。

表 6-5 制冷时有时无的故障部位、原因及排除方法

故障部位	故障原因	排除方法
制冷系统	1. 系统冰堵 2. 膨胀阀过热或调整不当 3. 系统内湿气过多	1. 排除冰堵，更换干燥剂 2. 更换膨胀阀或调整 3. 排空系统，抽真空后重新加制冷剂，或更换储液干燥器

（续）

故障部位	故障原因	排除方法
机械	1. 压缩机电磁离合器打滑 2. 传动带松弛、打滑	1. 检修电磁离合器 2. 更换传动带
电器	1. 压缩机电磁离合器线圈导线接触不良或搭铁不良 2. 冷却风扇开关接触不良 3. 冷却风扇电机有故障	1. 检查接头，清除锈蚀、氧化层、拧紧固定 2. 更换开关或检修 3. 检修电机或更换

4. 空调系统噪声的故障部位、原因及排除方法见表 6-6。

表 6-6　空调系统噪声的故障部位、原因及排除方法

故障部位	故障原因	排除方法
压缩机	1. 压缩机电磁离合器线圈局部短路 2. 压缩机电磁离合器线圈接头接触不良 3. 压缩机防冻油不足、干摩擦 4. 压缩机内部磨损	1. 更换电磁离合器线圈 2. 刮去接头氧化层，然后拧紧 3. 加足防冻油 4. 检修或更换
制冷系统	1. 制冷剂过多 2. 制冷剂不足 3. 防冻油过多 4. 制冷系统内部湿气过多	1. 减到适量 2. 检查泄漏后加足量 3. 减去多余防冻油 4. 排空系统，重新加足制冷剂
其他	1. 传动带松弛或磨损 2. 冷却电动机风扇碰到其他部件 3. 鼓风机电动机机械摩擦 4. 电机轴承无油、干摩擦 5. 蓄电池电压低	1. 更换传动带 2. 检修，消除碰撞 3. 检修加油 4. 加油或更换轴承 5. 充电

5. 供暖或通风系统的故障部位、原因及排除方法见表 6-7。

表 6-7　供暖或通风系统的故障部位、原因及排除方法

故障部位	故障原因	排除方法
鼓风机不转	1. 熔断器烧断 2. 空调继电器损坏或其控制电路有故障 3. 鼓风机开关损坏或其控制电路有故障 4. 鼓风机搭铁线路有故障造成鼓风机搭铁不良	1. 更换熔断器 2. 检修或更换 3. 检修或更换 4. 检修鼓风机的搭铁线路
鼓风机转，但无风	1. 进气口堵塞 2. 鼓风机叶片与轴脱开 3. 出风口打不开	1. 清理 2. 固定 3. 修复
热交换器不热	1. 发动机冷却水温低 2. 热交换器内部堵塞 3. 热交换器内部有空气 4. 温度调节开关位置不对	1. 检查节温器 2. 冲洗 3. 排出空气 4. 调整

（续）

故障部位	故 障 原 因	排 除 方 法
除霜效果不好	1. 除霜与下出风口开启不对 2. 除霜与下出风口拉线或真空阀有故障 3. 除霜风道漏风	1. 调整 2. 检修或更换 3. 修复

课后测试

项目六　课后测试

附　录

附录1　约翰迪尔佳联C230谷物联合收割机电气原理图

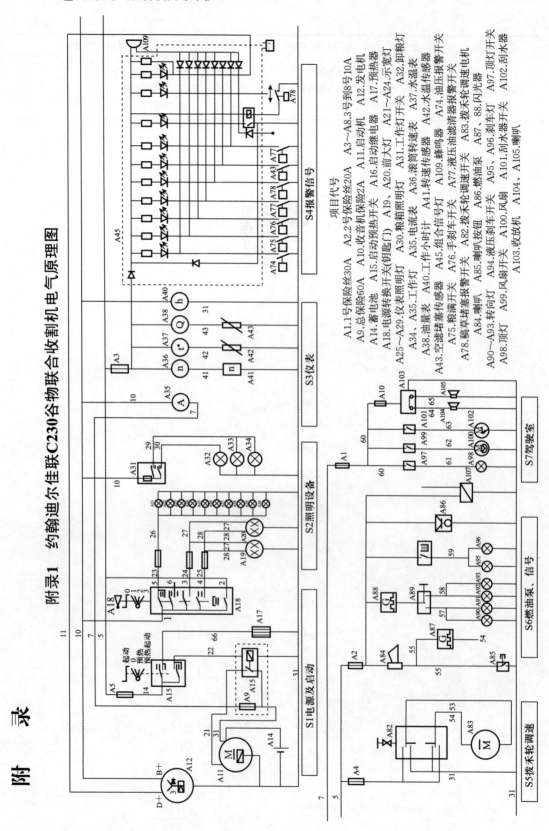

项目代号

A1.1号保险丝30A　A2.2号保险丝20A　A3~A8.3号到8号10A
A9.总保险60A　A10.收音机保险2A　A11.启动机　A12.发电机
A14.蓄电池　A15.启动预热开关　A16.启动继电器　A17.预热器
A18.电源转换开关(钥匙门)　A19、A20.前大灯　A21~A24.示宽灯
A25~A29.仪表照明灯　A30.粮箱照明灯　A31.工作灯开关　A32.卸粮灯
A34.油量表　A35.工作灯　A36.滚筒转速表　A37.水温表
A38.油压表　A40.工作小时计　A41.转速传感器　A42.水温传感器
A43.空滤堵塞传感器　A45.组合信号灯　A74.油压报警开关
A75.粮满开关　A76.手刹车报警开关　A77.液压油滤清器报警开关
A78.福草堵塞报警开关　A82.拨禾轮调速开关　A83.拨禾轮调速电机
A84.喇叭　A85.喇叭报警开关　A86.燃油泵　A87、88.闪光器
A90~A93.转向灯　A94.液压刹车开关　A95、A96.刹车灯　A97.顶灯开关
A98.顶灯　A99.风扇开关　A100.风扇　A101.刮水器开关　A102.刮水器
A103.收放机　A104、A105.喇叭　A109.蜂鸣器

S4报警信号

S3仪表

S2照明设备

S1电源及启动

S7驾驶室

S6燃油泵、信号

S5拨禾轮调速

附录2　东方红-600/604/650/654/700/704轮式拖拉机电气原理图

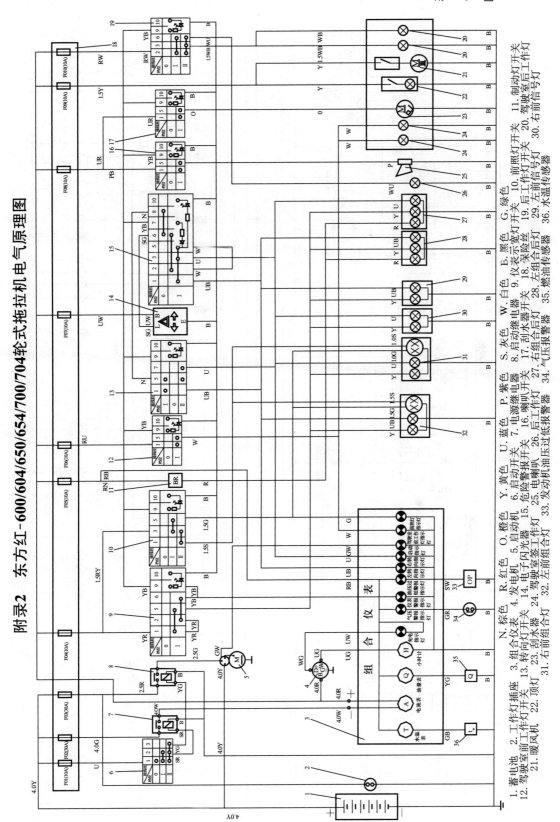

1. 蓄电池　2. 工作灯插座　3. 组合仪表　4. 发电机　5. 启动机　6. 危险警报开关　7. 电源继电器　8. 启动继电器　9. 仪表指示灯开关　10. 前照灯开关　11. 制动灯开关　12. 驾驶室前工作灯　13. 转向灯开关　14. 电子闪光器　15. 启动开关　16. 喇叭报警器　17. 刮水器开关　18. 保险丝　19. 后驾驶室灯开关　20. 驾驶室后工作灯　21. 顶灯　22. 刮水器　23. 刮水器　24. 驾驶室工作灯　25. 电喇叭　26. 喇叭　27. 右组合后灯　28. 左组合后灯　29. 左前信号灯　30. 右前信号灯　31. 右前组合灯　32. 左前组合灯　33. 发动机机油压力过低报警器　34. 气压报警器　35. 燃油传感器　36. 水温传感器

N. 棕色　R. 红色　O. 橙色　Y. 黄色　U. 蓝色　P. 紫色　S. 灰色　W. 白色　B. 黑色　G. 绿色

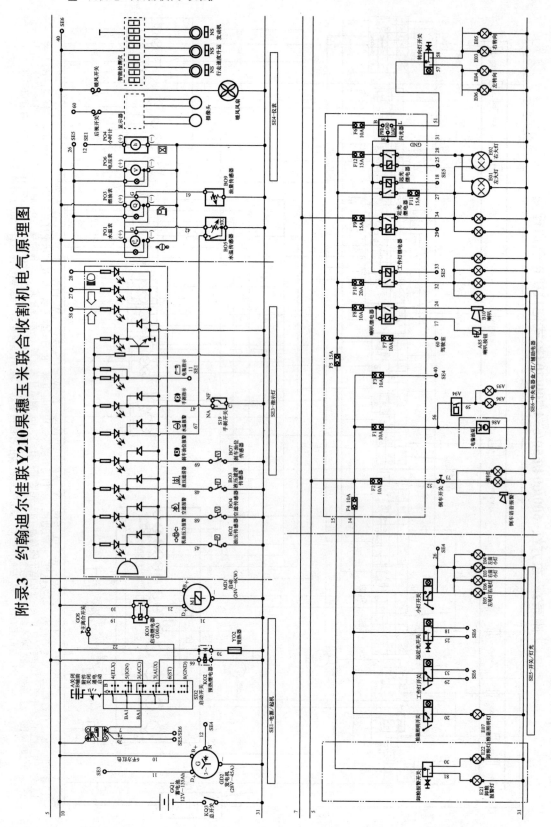

附录3 约翰迪尔佳联Y210果穗玉米联合收割机电气原理图

附录4　JDT600型电气原理图（不带驾驶室）

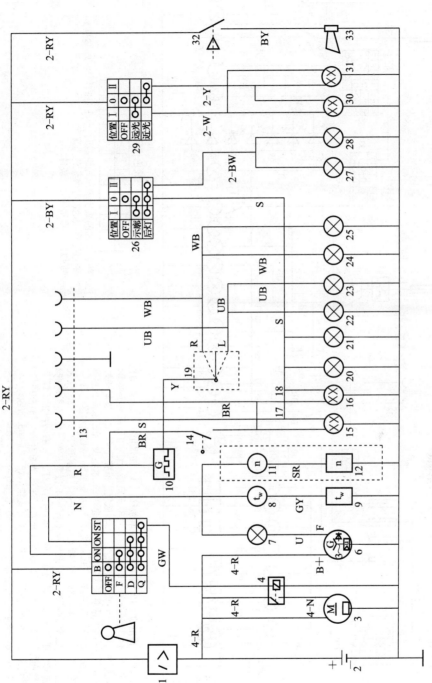

线色代码

线色	黑	白	红	兰	黄	绿	棕	灰
代码	B	W	R	U	Y	G	N	S

注：线色前面的数字表示导线截面。未注明的导线截面为1 mm²。
通过导线接地的导线颜色为黑色。

1. 双金属保险器　2. 蓄电池　3. 启动机　4. 启动继电器　5. 电源开关　6. 发电机
7. 充电指示灯　8. 水温表　9. 水温传感器　10. 闪光器　11. 转速表　12. 转速传感器
13. 挂车插座　14. 制动灯开关　15～16. 制动灯　17～18. 后示廓灯　19. 转向灯开关
20～21. 前示廓灯　22. 左前转向灯　23. 左后转向灯　24. 右前转向灯　25. 右后转向灯
26. 小灯后灯开关　27～28. 后大灯　29. 前大灯　30～31. 前大灯　32. 喇叭按钮
33. 喇叭

附录5 JDT724型电气原理图

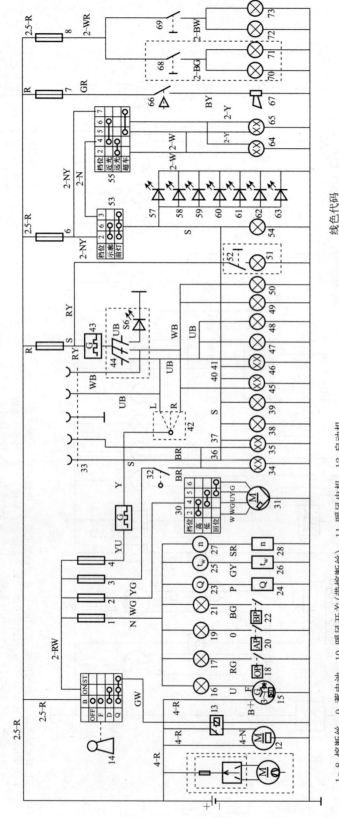

线色代码

注：线色前面的数字表示导线截面，未注明的导线截面为1mm²。
通过导线接地的导线颜色为黑色。
虚线框内的元件为选装件。

1～8. 熔断丝　9. 蓄电池　10. 暖风电机　11. 暖风机　12. 启动机
13. 启动继电器　14. 电源开关　15. 发电机　16. 充电指示灯　17. 低油压报警灯
18. 低油压报警开关　19. 低气压报警灯　20. 低气压报警开关　21. 驻车开关
22. 驻车制动开关　23. 油量表　24. 油量传感器　25. 水温表　26. 水温传感器
27. 转速表　28. 转速传感器　29. 闪光器　30. 刮水器　31. 刮水器电机
32. 制动开关　33. 挂车插座　34～35. 制动灯　36～37. 后示廓灯　38～39. 仪表灯
40～41. 前照灯　42. 转向开关　43. 报警闪光器　44. 报警开关　45. 右前转向灯
46. 右后转向灯　47. 左后转向灯　48. 左转向指示灯　49. 右转向指示灯
50. 左前转向灯　51. 室内灯　52. 室内灯开关　53. 灯光总开关　54. 喇叭按钮灯
55. 变光开关　56. 报警开关灯　57～63. 开关指示灯　64～65. 前照灯
66. 喇叭开关　67. 喇叭　68. 前顶灯开关　69. 后顶灯开关　70～71. 前顶灯
72～73. 后顶灯

参 考 文 献

范利仁，2009. 汽车电气系统检修 [M]. 北京：北京交通大学出版社 .

于明进，于光明，2002. 汽车电器设备构造与维修 [M]. 北京：高等教育出版社 .

赵学斌，王凤军，2006. 汽车电器与电子控制技术 [M]. 北京：机械工业出版社 .

图书在版编目（CIP）数据

农机电气设备使用与维护／肖兴宇主编 . —2 版
. —北京：中国农业出版社，2019.10（2024.7重印）
"十三五"职业教育国家规划教材
ISBN 978 - 7 - 109 - 26098 - 6

Ⅰ.①农…　Ⅱ.①肖…　Ⅲ.①农业机械-电气设备-
使用方法-职业教育-教材②农业机械-电气设备-维修
-职业教育-教材　Ⅳ.①S232.8

中国版本图书馆 CIP 数据核字（2019）第 241193 号

中国农业出版社出版
地址：北京市朝阳区麦子店街 18 号楼
邮编：100125
责任编辑：张孟骅　武旭峰
版式设计：王　晨　责任校对：吴丽婷
印刷：三河市国英印务有限公司
版次：2012 年 9 月第 1 版　2019 年 10 月第 2 版
印次：2024 年 7 月第 2 版河北第 3 次印刷
发行：新华书店北京发行所
开本：787mm×1092mm　1/16
印张：9
字数：210 千字
定价：30.00 元